JN136524

Rで分散分析

渡辺利夫 著
Toshio Watanabe

Analysis of
Variance
with
R Language

ナカニシヤ出版

はじめに

『フレッシュマンから大学院生までのデータ解析・R言語』を出版してからはや13年が経過した。13年前よりもR言語のシステム関数もだいぶ充実してきたかと思えるが，既存のシステム関数でも，研究者が必要とする出力が得られない場合や，修正を加えた場合の方が効率的であるような関数も存在するように思える。そのためには，最低限のプログラム作成の知識が必要となる。本書では，最小限のプログラミングの知識を提供し，だれもが比較的簡単に独自の関数が作成できることを目標にする。

また，前著では，多変量解析も含めたので，ページ数の多い書籍となってしまったが，今回は分散分析のみに限定したため，ページ数が少なくなり，価格も抑えることができた。

前著との大きさな差異は，ひとつには分散分析をR言語のシステム関数であるaovを用いて行っていることである。前著では，筆者が作成した分散分析用の関数を使用したが，関数aovの結果と筆者の自作の関数と計算結果が一致するので，aovの方が関数も短く効率的と考えるからである。また，多重比較など，まだR言語のシステム関数として準備されていない関数は，筆者作成の関数を使用している。本著をもとに分散分析を研究・卒論等で積極的に使用する研究者・学生が増えることを期待する。

2018年4月　筆者

目　次

1 R言語の基礎

1 R言語のインストール

R言語は，オープンソース・フリーソフトウェアの統計解析向けのプログラミング言語及びその開発実行環境である。R言語はニュージーランドのオークランド大学のRoss IhakaとRobert Clifford Gentlemanにより作られた。パソコンのOSには，WindowsとMACなどがあるが，R言語のフリーソフトもそれに合わせてWindows版とMAC版などが準備されている。まず，R言語のフリーソフトをインストールするために，身近なサイトに入ってみよう。YAHOO!などの検索を利用して，Rインストールで検索すると（2018年4月4日の時点），Windows版であれば，たとえば，

http://cran.ism.ac.jp/bin/windows/

というサイトが見つかる。上のサイトを開いて，baseをクリックすると，

Download R 3.4.4 for Windows

という行が最上欄にあるので，これをクリックし，最下欄の実行をクリックすると，ダウンロードが始まる。

インストール中に使用する言語を聞いてくるので，日本語を選ぶ。

R for Windows 3.4.4セットアップの画面が表示されるので，「次へ」をクリックし，インストール先の指定を

C:¥Program Files¥R¥R-3.4.4.

とする。そして，「次へ」をクリックすると，「コンポーネントの選択」が表示される。

「次へ」をクリックする。「起動時オプション：起動時オプションをカスタマイズしますか」と尋ねてくるので，「いいえ」を選択し，「次へ」をクリックする。

「プログラムグループの指定：プログラムアイコンを作成する場所を指定してください」と表示されるので，そのまま「R」とし，「次へ」をクリックする。

「追加タスクの選択：実行する追加タスクを選択してください」と表示されてくるので，表示されているままに選択し，「次へ」をクリックする。

ダウンロードが開始され，すぐに終了するので，「完了」をする。

デスクトップにRのアイコン Ri386 3.4.4 が作成される。これをクリックすると，R言語のコンソール画面が表示される。画面には以下のことが表示されている。

```
R version 3.4.4 (2018-03-15) -- "Someone to Learn On"
Copyright (C) 2018 The R Foundation for Statistical Computing
Platform: i386-w64-mingw32/i386 (32-bit)

R は，自由なソフトウェアであり，「完全に無保証」です。
一定の条件に従えば，自由にこれを再配布することができます。
配布条件の詳細に関しては，'license()' あるいは 'licence()' と入力してください。

R は多くの貢献者による共同プロジェクトです。
詳しくは 'contributors()' と入力してください。
また，R や R のパッケージを出版物で引用する際の形式については
'citation()' と入力してください。

'demo()' と入力すればデモをみることができます。
'help()' とすればオンラインヘルプが出ます。
'help.start()' で HTML ブラウザによるヘルプがみられます。
'q()' と入力すれば R を終了します。

>
```

最後の > がR言語用のプロンプトで，この右にR言語で使用するコマンド（命令文）を書き入れてRを実行することになる。とりあえず，

```
> q()
```

とコマンドを書き入れてRを終了してみよう。すると，「作業スペースを保存しますか」と尋ねてくるので，「いいえ」を選択してRを終了する。

Rを再び立ち上げるには，デスクトップのアイコンを再びクリックすればよい。

2　R言語の基礎知識

R言語は，基本的には，プロンプト > の右にコマンドを記入してそれを実行することになるが，このコマンドは，R言語のフリーソフトが最初から準備しているシステム関数と使用者自身が作成した関数に分けられる。まずは，システム関数として準備されているコマンドを使用して，Rを実行してみよう。

```
>x<-c(1,2,3)
```

上のコマンドは，3つの数字1，2，3をxという変数に格納しなさいという命令である。ここで，cは，システム関数で，c()のカッコの中の数字を要素とするベクトルを作成しなさいという命令である。そして，<-は，<-の右で定義された内容を<-の左の変数（R言語ではオブジェクトと呼ぶ）に格納しなさいということを意味している。ここで，オブジェクトxは，1，2，3を要素とするベクトルとなる。ここで使用するオブジェクトは，英数字と「.」の組み合わせで定義する。通常は，アルファベットが先頭にくる。たとえば，x1，x2，のように。オブジェクト名が異なると，その中に格納されている内容も異なることになる。オブジェクト名は，そこに格納されている内容がわかるような名前でよく定義される。たとえば，身長のデータであれば，オブジェクト名をheightと定義する。そうすれば，オブジェクト名を見るだけで中身が何であるかがすぐにわかる。しかし，システム関数としてすでに使用されている名前をオブジェクト名として定義すると，いろいろと不都合が生ずる。たとえば，cはベクトルを作成する関数名として使用されているので，オブジェクト名として使用することには適さない。しかし，c1のように数字と組み合わせれば問題はない。ある文字名がすでに関数名として使用されているかどうかは，その関数名をプロンプト（>）の後に入力すればわかる。関数名として定義されていれば，その関数の中身が表示されるからだ。あるいは，すでに使用されているオブジェクト名であれば，その中身が表示される。まだ使用されていないオブジェクト名であれば，「エラー：オブジェクト'xxxx'がありません」と表示される。

ベクトルという言葉がわからないという人がいるかもしれないが，統計学やデータ解析では，ベクトル，行列，スカラーという用語がよく使用される。ベクトルは，とりあえずは2つ以上の要素から成り立つ集合（要素の集まり）と考えてよい。ベクトルを構成する要素が数字であれば，それらの要素を各座標軸の座標値と考えて幾何学的に表現することもできる。たとえばx<-c(3, 2)であれば，第1座標軸の座標値が3，第2座標軸の座標値が2となるので，原点Oを始点とし，点X（3, 2）を終点として，2点OXをつなげ，終点に矢印を付けると，ベクトルとして，方向と大きさを持った矢印が描ける。ベクトルとは，このように幾何学的には方向と大きさをもつ矢印で表現されることになる。ベクトルの方向は，ベクトルの矢印が向いている方向で，ベクトルの大きさとは，ベクトルの主線の長さ（始点から終点までの長さ）を意味する（ただし，幾何学的表現としては矢線が便利ではあるが，この矢印自体はベクトルの属性ではない）。

上の例のようにベクトルの要素を横に並べたベクトルを行ベクトルと呼び，縦に要素を並べたベクトルを列ベクトルと呼ぶ。これに対して要素が1つの場合をスカラーと呼ぶ。2つ以上のスカラーが集まったものがベクトルである。そして，行列とは，2つ以上のベクトルから構成される集合と考えてよい。たとえば，

```
> y<-matrix(c(1,2,3,4,5,6),ncol=2,byrow=T)
```

を実行し，>yとすると，

```
> y
        [,1]    [,2]
[1,]     1       2
```

```
[2,]    3    4
[3,]    5    6
```

と表示される。$\boldsymbol{y}$ は，３行２列の行列を意味する。行列 $\boldsymbol{x}$ は，(1, 2)，(3, 4)，(5, 6) という３つの行ベクトルを３つ行に沿って重ねた行列と考えることもできるし，$(1, 3, 5)^t$，$(2, 4, 6)^t$ という２つの列ベクトルを列に沿って２つ並べた行列と考えることもできる。統計学では，データは行列表現が多く，行を個人，列を変数に対応させる。たとえば，上の行列 $\boldsymbol{y}$ は，３人の個人の英語と数学の成績のようなデータに対応する。行和を計算すれば，各個人の総合得点になり，列平均を計算すれば，各科目の平均となる。そして，行ベクトルは，各個人の２科目の成績であり，列ベクトルは，各科目の個人得点となっている。このように，統計学では，データが行列で表現されたり，ベクトルで表現されたりするので，行列やベクトルについて勉強することは重要である。

統計データを扱う際に必要とする最も基本的な関数や記号を下記に示す。

これだけでかなりの分析ができる。

＋　　　：足し算の記号
－　　　：引き算の記号
*　　　：掛け算の記号
/　　　：割り算の記号
^　　　：べき乗を表す記号
:　　　：等差数列
[ ]　　：ベクトルや行列の要素を表す記号
( )　　：関数の引数を表す記号
＝＝　　：2つの要素が等しいことを表す記号
＝!　　：2つの要素が等しくないことを表す記号
<-　　：代入する記号

q:　　　：Rを終了する関数
c　　　：ベクトルを作成する関数
length　：ベクトルの要素数を数える関数
range　：ベクトルデータの最大値と最小値を表す関数
rep　　：スカラー，ベクトルを繰り返し使用する関数
unique　：ベクトルの固有要素を選ぶ関数
seq　　：初期値から最終値までの数字の列を表示する関数
sort　　：ベクトルの要素を小さい順に並べ替える関数
rev　　：ベクトル要素の並び順を逆にする関数
round　：丸め誤差を行う関数
sum　　：ベクトルの要素の総和を計算する関数
mean　：ベクトルの平均を計算する関数
var　　：ベクトルの不偏分散を計算する関数
sd　　：ベクトルの不偏標準偏差を計算する関数
sqrt　　：ベクトルおよびスカラーの平方根を計算する関数
matrix　：ベクトルから行列を作成する関数

dim　：行列の次元を計算する関数
apply　：行列の行や列の総和や平均，分散等を計算する関数
table　：2つのベクトルのクロス集計を行う関数
cor　：2つの変数間の相関係数を計算する関数
lsfit　：回帰分析の関数

plot　：散布図を描く関数
text　：すでに使用されている図にテキストを書き加える関数
points　：すでに使用されている図に点などを追加プロットする関数
abline　：直線を描く関数
hist　：ヒストグラムを描く関数

scan　：データファイルをRコンソールに呼び込む関数
print　：結果をRコンソールに出力する関数
write　：テキストファイルに出力する関数
write.table：エクセルファイルに出力する関数

dnorm　：正規分布の確率密度関数
pnorm　：正規分布の下側確率を計算する関数
dt　：t 分布の確率密度関数
pt　：t 分布の下側確率を計算する関数
df　：F 分布の確率密度関数
pf　：F 分布の下側確率を計算する関数

3　Rグラフィックス

Rグラフィックスは，Rでヒストグラムや散布図などの図や回帰直線を描く方法である。実際に表1-1の大学生男子5人の身長と体重のデータをもとにデータを分析してみよう。まず，データを格納する。

```
> height<-c(175, 169, 167, 174, 169)
> weight<-c(73, 54, 60, 63, 65)
```

身長のヒストグラムを作成するために，hist(height) を実行する。

```
> hist(height)
```

すると，図1-1に示されるヒストグラムが表示される。

ヒストグラムを描くことによって，データの分布が把握できる。図1-1では，横軸に身長が定義され，縦軸にその度数が定義されている。身長を2 cm 間隔で区切り，各区間に何人の人が含まれるかを数えてくれるのである。この間隔は関数 hist によって自動的に作成されるが，各自で

表 1-1　5人の男子大学生の身長と体重（$n=5$）

学生	身長（cm）	体重（kg）
1	175	73
2	169	54
3	167	60
4	174	63
5	169	65

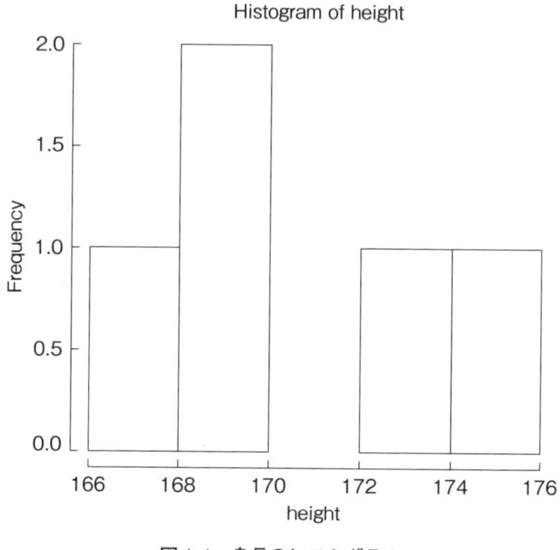

図 1-1　身長のヒストグラム

決めることも可能である。関数 hist の場合は，各間隔の左の境界線は含まれ，右の境界線は含まれないように決められている。

次に，上で示したシステム関数のうち，table，length，mean，var，sd，round を実際に使用してみる。

```
> table(height)
height
167 169 174 175
  1   2   1   1
```

関数 table は，2変数間のクロス集計を行う関数であるが，変数が1つの場合は，各要素の数値がいくつあるかを数えてくれるのである。データを分析する前に table を実行してゆくと，データ全体が見えるだけでなく，データの入力の誤りも見つかりやすいので，実行しておくとよい。

次に，関数 length を使用して，要素数を数える。これは，データ数（あるいはサンプル数）となる。

```
> length(height)
[1] 5
```

これより，データ数は5であることがわかる。データ数を数えることによってすべてのデータが入力されているかどうかがわかる。5の左の [1] はデータの番号に対応し，5は，一番目のデータであることを示す。データを分析する前に，もう一つ，中身を確認する必要がある。

```
> height
```

を実行して中身を表示してみると，次のように表示される。

```
[1] 175 169 167 174 169
```

中身が正しいことが確認できたら，いよいよ分析にかかる。総和（sum），平均（mean），不偏分散（var），不偏標準偏差（sd）を計算してみる。順に以下のような結果が得られる。

```
> sum(height)
[1] 854
> mean(height)
[1] 170.8
> var(height)
[1] 12.2
> sd(height)
[1] 3.49285
```

平均や標準偏差を計算すると，数値が小数第6位まで示されることが多い。社会科学では，小数第2位まで示されれば十分であるので，小数第3位以下を四捨五入する必要がある。そのようなときに，関数 round を使用する。

```
> round(sd(height),2)
[1] 3.49
```

を実行して，小数第3位を四捨五入し，小数第2位までを表示させる。round() 内の引数2は，小数第2位までを表示することを意味する。この数字を変えることによって小数第3位，第4位と自由に出力ができる。ただし，四捨五入するのは，最終段階の数値であって，中途段階で数値を四捨五入すると，計算に誤差が含まれるので，注意を要する。特に理論値計算のような細かい数値を必要とするときは，中途段階で四捨五入をしない。

次に，身長と体重の散布図を作成する。

```
plot(height,weight)
```

を実行することによって，図1-2に示されるように横軸を身長，縦軸を体重とした散布図が作成される。

身長と体重の相関係数を計算すると，

```
> cor(height,weight)
[1] 0.6783177
```

という結果を得る。

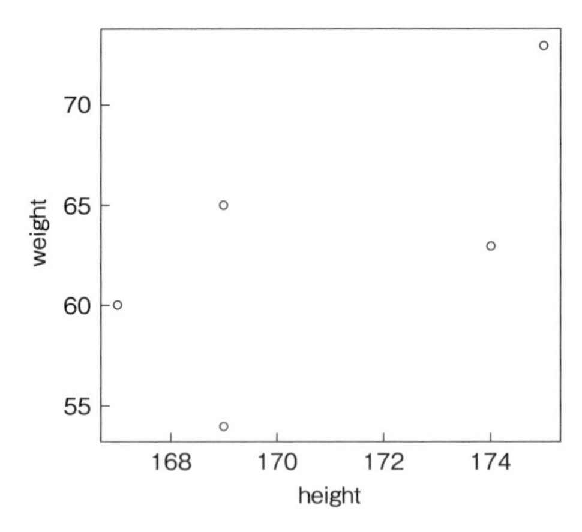

図 1-2　身長と体重の間の散布図

関数 cor で計算される相関係数は，ピアソンの積率相関係数（r）で，r は以下のように定義される。

$$r = \frac{\frac{1}{n}\sum_{i=1}^{n}(x_i - \overline{x})(y_i - \overline{y})}{\sqrt{\frac{1}{n}\sum_{i=1}^{n}(x_i - \overline{x})^2}\sqrt{\frac{1}{n}\sum_{i=1}^{n}(y_i - \overline{y})^2}} \tag{1-1}$$

相関係数 r の取りうる範囲は，-1 から 1 までの範囲で，正の相関は $0 < r \leqq 1$，負の相関は $-1 \leqq r < 0$，無相関は $r = 0$ となる。正の相関とは，2 つの変数 x，y があるとき，一方の変数 x が増加（あるいは減少）すると，それに伴って他方の変数 y も増加（あるいは減少）するような関係を表す。身長と体重の関係は，正の相関関係にあり，身長が高く（あるいは低く）なると，体重もそれに伴い増える（あるいは減る）傾向にある。

2 つの変数間の相関が高いと，一方の変数から他方の変数の値を予測することが可能になる。ここでは，身長をもとに体重を予測する場合を考えよう。予測式として，

$$Y = a + bx \tag{1-2}$$

を仮定する。Y は体重の予測値，x は身長である。(1-2) 式の a，b がわかれば (1-2) を利用して体重を予測することができる。このような式を回帰式と呼ぶ。そこで，実際の体重 y とその予測値 Y との差の 2 乗和が最小になるように a，b を決定することを考える。この方法を最小 2 乗法と呼ぶ。最小 2 乗法によって得られた解を最小 2 乗解と呼ぶが，それは以下のようになる。

$$\begin{aligned} a &= \overline{y} - b\overline{x} \\ b &= s_{xy}/s^2{}_x \end{aligned} \tag{1-3}$$

R 言語では，この最小 2 乗解は関数 lsfit によって算出することができる。実際に行ってみると，

```
> lsfit(height,weight)$coef
  Intercept        X
-168.000000      1.352459
```

を得る。これより，$a=-168.0$，$b=1.352459$ となる。よって，回帰式は

$$Y = -168 + 1.352459x \tag{1-4}$$

となる。予測値 Y は，以下のようにして計算される。

```
> Y<--168+1.352459*height
> Y
[1] 68.68033 60.56557 57.86065 67.32787 60.56557
```

また，回帰式を散布図にプロットするには，

```
> plot(height, weight)
> abline(-168, 1.352459)
```

あるいは，

```
> plot(height, weight)
> abline(lsfit(height, weight)$coef)
```

関数 lsfit は，lsfit(x, y) によって y を予測する回帰式の情報が表示されるが，その中で係数 $\boldsymbol{a,b}$ のみがほしいときは，$coef を付け，lsfit$(x, y)$\$coef とすればよい。$ は取り出し記号で $ の後に定義されたもののみを表示する。

```
>lsfit(height,weight)
```

も実行して比較してみよう。さらに，回帰式がデータによくフィットしているかどうかの指標として，説明率がある。説明率は，var(Y)/var(y) によって計算される。この場合であれば，

```
> var(Y)/var(weight)
[1] 0.4601149
```

となる。説明率の取りうる範囲は，0から1までの範囲で，1に近いほど予測式はデータをよく説明していることになる。

ここで行った mean，sd，cor，lsfit は，統計の基礎であるので，十分にマスターしておく必要がある。

4　Rパッケージの利用

R言語では，さまざまな関数がシステム関数として準備されている。それを分野ごとにパッケージとして分類している。Rコンソール画面のメニューバーの中の「ヘルプ」をクリックし，さ

らに，「Html ヘルプ」をクリックすると，Pachage Index 画面が表示される。この中に base をはじめとするさまざまなパッケージが表示される。base をクリックすると，base に含まれる関数がすべて表示される。本章で登場した関数 c，length，mean，sd などはこの base に分類される関数である。しかし，関数 plot，abline は base には分類されずに，graphics に分類される。graphics をクリックして plot，abline があることを確認してみよう。この R パッケージを調べることによってどのような関数がシステム関数として準備されているかを調べることができる。ここに準備されていない関数として新しく追加されているパッケージもある。メニューバーの「パッケージ」をクリックし，さらに「パッケージの読み込み」をクリックすると，既存のパッケージのほかに psych のような心理学関係のパッケージも準備されていることがわかる。「psych」をクリックし，先ほどの「Html ヘルプ」を再び開くと，「base」より上の欄に psych が表示されているのがわかる。psych には，クローンバックのアルファ係数を算出する関数やテトラコリック相関係数を計算する関数などが含まれている。

2 Rで基礎統計

1 平均と分散

平均は，代表値の1つで，代表値は，平均，メディアン，モードに分類され，そして，平均は，さらに，算術平均，幾何平均，調和平均に分類される。R言語の中で定義されている関数meanは，算術平均を計算するための関数で，通常，平均というとこの算術平均を意味するので，今後，算術平均を平均と呼ぶ。そして，さらに，算術平均は，母平均と標本平均に分類される。母平均，標本平均は以下のように定義される。

$$\mu = \sum_{i=1}^{N} x_i / N = \frac{x_1 + x_2 + \cdots + x_N}{N} \tag{2-1}$$

$$\bar{x} = \sum_{i=1}^{n} x_i / n = \frac{x_1 + x_2 + \cdots + x_n}{n} \tag{2-2}$$

母平均は母集団の平均で，μで表される。そして，母集団に含まれる要素の数をNで表す。これに対して，標本平均は，母集団からランダムに抽出された標本の平均で，$\bar{x}$で表される。標本の要素数，すなわち，標本の大きさは，nで表す。

同様に，分散は，散布度の1つで，散布度は，分散，標準偏差，レンジ，四分偏差等に分類される。そして，さらに分散は，母分散，標本分散，不偏分散に分類される。母分散は，母集団の分散，標本分散は，母集団からランダムに抽出された標本の分散，不偏分散は，標本をもとにして推定された母集団の分散である。関数varは，この不偏分散を計算する。母分散（σ^2），標本分散（s^2），不偏分散（u^2）の式を以下に示す。

$$\sigma^2 = \sum_{i=1}^{N} (x_i - \mu)^2 / N \tag{2-3}$$

$$s^2 = \sum_{i=1}^{n} (x_i - \bar{x})^2 / n \tag{2-4}$$

$$u^2 = \sum_{i=1}^{n} (x_i - \bar{x})^2 / (n-1) \tag{2-5}$$

そして，標本分散と不偏分散は，以下の関係にある。nが大きくなるにつれ，不偏分散は，標本分散に等しくなってゆく。

$$s^2 = u^2(n-1)/n \tag{2-6}$$

関数meanを使用して，変数xがベクトルであれば，mean(x)によって$\boldsymbol{x}$の平均を計算できる。

```
> x<- c(1, 2, 3, 4, 5, 6)
> mean(x)
[1] 3.5
```

そして，不偏分散，不偏標準偏差は，関数var，sdを使用して

```
> var(x)
> sd(x)
```

によって計算できる。

次に，ベクトル$\boldsymbol{x}$の要素の一部を取り出して，その平均を計算する場合はどうしたらよいか。

$\boldsymbol{x}$の要素は，x[ ]を使用して取り出すことができる。

```
> x[1]
```

とすれば，$\boldsymbol{x}$の1番目の要素を取り出すことができる。

```
> x[2]
```

とすれば，$\boldsymbol{x}$の2番目の要素を取り出す。

```
> x[c(1, 3)]
```

とすれば，1番目と3番目の要素を取り出す。

さらに，

```
> x[x > 2]
```

とすれば，$\boldsymbol{x}$の要素のうち，2より大きい要素のみを取り出す。

```
> x[x >= 2]
```

とすれば，2以上の要素を取り出し，

```
> x[x < 2]
```

とすれば，2未満の要素を取り出し，

```
> x[x=!2]
```

とすれば，2以外の要素を取り出し，

```
> x[x > 2 & x < 5]
```

とすれば，2より大きく5より小さい要素のみを取り出す。

```
> x[x < 2 | x > 5]
```

とすれば，2より小さい要素か，5より大きい要素を取り出す。

そして，

```
> y <- c(3.5, 2.6, 4.8, 5.3, 9.3, 1.4)
```

というように，$\boldsymbol{x}$と$\boldsymbol{y}$が対応していれば，

```
> x[y > 5]
```

とすれば，$y > 5$を満たす$\boldsymbol{x}$の要素を取り出すことができる。この場合であれば，

```
[1] 4 5
```

となる。すなわち，4番目と5番目の要素が$y > 5$を満たすことがわかる。いま，$\boldsymbol{x}$を個人番号，$\boldsymbol{y}$を成績とすれば，成績が5点より高い個人を選び出していることになる。同様にして，性別や年齢のベクトルがあれば，性別ごとや年齢別に$\boldsymbol{x}$の要素を取り出すことができる。そして，それをもとに平均を計算できる。

```
> mean(x[x >= 2])
> mean(x[x > 2 & x < 5])
```

次に$\boldsymbol{x}$が行列の場合は以下のように行う。

```
x <- c(1, 2, 3, 4, 5, 6, 7, 8, 9, 10, 11, 12)
```

と$\boldsymbol{x}$を定義すると，$\boldsymbol{x}$はベクトルを表しているが，

```
> x <- matrix(c(1, 2, 3, 4, 5, 6, 7, 8, 9, 10, 11, 12), ncol=4, byrow=T)
> x
```

とすると，$\boldsymbol{x}$は3行4列の行列となる。

```
        [,1]   [,2]   [,3]   [,4]
```

```
[1,]    1    2    3    4
[2,]    5    6    7    8
[3,]    9   10   11   12
```

関数 matrix は，ベクトルを行列に変換する関数で，ncol は，作成する行列の列数を意味する。byrow は，ベクトルから行列を作成するときに，行単位で作成するか，列単位で作成するかを意味し，byrow＝T は，行単位で作成することを意味する。すなわち，ベクトルの最初の 4 つの要素を第 1 行，次の 4 つの要素を第 2 行というように行列を作成してゆく。byrow＝F とすると，列単位で行列を作成するので，ベクトルの最初の 3 つの要素を第 1 列に，次の 3 つの要素を第 2 列，第 3 列として行列を作成してゆく。ベクトルの要素は全部で 12 個であり，列数が 4 なので，行数は自動的に 3 と計算される。ここで，T は TRUE を，F は FALSE を意味する。このような行列 $\boldsymbol{x}$ に対して mean(x) を実行すると，行列すべての要素の平均を計算する。

行ごとあるいは，列ごとの平均を計算するには，関数 apply を使用する。

```
> apply(x, 1, mean)
```

は，$\boldsymbol{x}$ の行ごとの平均を算出し，

```
> apply(x, 2, mean)
```

は，$\boldsymbol{x}$ の列ごとの平均を計算する。

```
> apply(x, 1, mean)
[1]  2.5  6.5  10.5
```

これより，1 行目の平均は 2.5，2 行目の平均は 6.5，3 行目の平均は 10.5 となる。

```
> apply(x, 2, mean)
[1] 5 6 7 8
```

これより，1 列目の平均は 5，2 列目の平均は 6，3 列目の平均は 7，4 列目の平均は 8 となる。第 1 行，第 3 行だけを取り出して，列平均を計算するには，

```
> apply(x[c(1, 3), ], 2, mean)
```

を実行し，第 2，4 列を取り出して列平均を計算するには

```
> apply(x[, c(2, 4)], 2, mean)
```

を実行すればよい。同様にして，x[c(1, 3), c(2, 4)] は，第 1 行，第 3 行の第 2 列および，第 4 列を取り出した行列を意味する。行列の場合，x[,] によって要素を取り出すことができるが，

$x[\,,\,]$ のカンマの前は行を，カンマの後は列を意味する。

2　相関と回帰

1）相　　関

相関関係とは2つの変数間の関連性をいい，2つの変数間に関連性があるとき相関関係にあるといい，関連性がないとき，相関関係がないという。たとえば，身長と体重の間に関連性があるのか調べるときに，図2-1に示されるような散布図を作成する。この散布図は，表2-1の40人の男女大学生の身長と体重をもとにして作成されている。横軸に身長，縦軸に体重が表されている。図2-1を見ると，身長と体重の間にある種の関連性を見出すことができる。すなわち，身長が高くなると体重も増えてゆき，逆に，身長が低くなると体重も減ってゆく傾向がある。このように，一方の変数が増加するとそれに伴い他方の変数も増加，あるいは，減少するとき，両者には相関

表2-1　大学生男女各20人の身長，体重，ウエストのデータ（$N = 40$）

	男				女		
	身長（cm）	体重（kg）	ウエスト（cm）		身長（cm）	体重（kg）	ウエスト（cm）
1	175	73	76	1	159	56	60
2	169	54	58	2	159	45	58
3	167	60	82	3	158	51	63
4	174	63	60	4	162	47	60
5	178	60	65	5	161	58	66
6	180	52	54	6	159	51	64
7	164	92	99	7	162	57	65
8	169	65	74	8	159	56	70
9	172	62	76	9	158	50	65
10	169	79	95	10	151	51	63
11	169	56	69	11	160	52	66
12	151	50	64	12	166	50	62
13	177	56	60	13	155	48	61
14	161	53	72	14	156	61	69
15	177	61	74	15	167	57	70
16	162	70	84	16	163	46	64
17	181	66	75	17	156	52	55
18	180	84	80	18	163	53	57
19	178	72	84	19	149	39	57
20	170	64	72	20	169	42	58

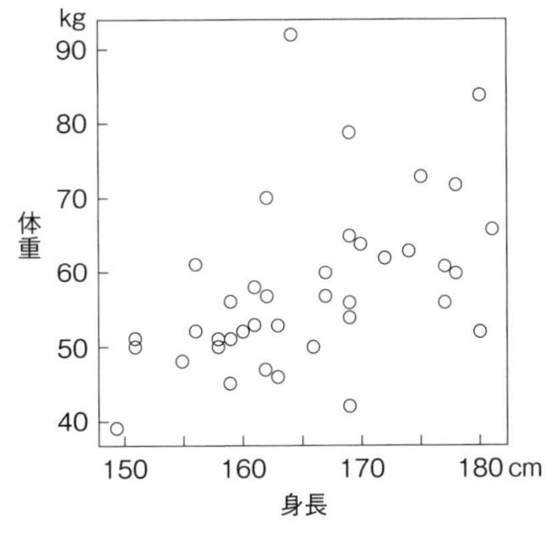

図2-1　身長と体重の間の散布図

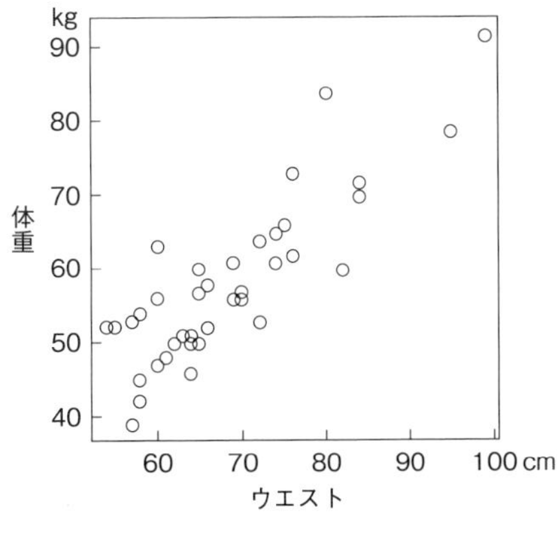

図2-2　ウエストと体重の間の散布図

関係があるという。前者を正の相関，後者を負の相関があるという。両者に関連性がないとき，無相関であるという。図 2-2 は，同じく 40 名の男女大学生の体重とウエストの散布図を示している。身長と体重の散布図と比べると，ウエストと体重の散布図の方が 2 つの関連性が明確である。より強い正の相関関係があると考えられる。相関関係と類似した言葉に，関数関係がある。関数関係の場合は 2 変数の間の関係が 1 対 1 対応の関係にあるが，相関関係の場合はそこまでしっかりした関係はなく，よりゆるい関係である。

図 2-1，図 2-2 で見たように，相関関係の程度はどのような 2 変数を選ぶかによって異なる。そこで，相関関係の程度を数値で示したものが相関係数である。データの種類によってさまざまな相関係数が存在するが，間隔尺度や比率尺度のデータの相関関係を計算するピアソンの積率相関係数が最も一般的である。ピアソンの積率相関係数は，各変数を標準得点に変換した後，変数間の積の平均で表される。積率相関係数は，−1 から 1 までの値をとり，1 に近いほど正の相関が高く，−1 に近いほど負の相関が高い。0 のとき無相関を意味する。図 2-1 の場合の身長と体重の積率相関係数は 0.501，ウエストと体重の積率相関係数は 0.853 である。ピアソンの積率相関係数は，式（2-7）によって定義される。

$$r = \frac{\frac{1}{n}\sum_{i=1}^{n}(x_i-\overline{x})(y_i-\overline{y})}{\sqrt{\frac{1}{n}\sum_{i=1}^{n}(x_i-\overline{x})^2}\ \sqrt{\frac{1}{n}\sum_{i=1}^{n}(y_i-\overline{y})^2}} \qquad (2\text{-}7)$$

ピアソンの積率相関係数は線形関係を仮定しており，2 変数が非線形関係にあるときは，正しく相関係数が計算されない。例として，図 2-3 に示すような非線形関係にある 2 変数の相関係数を計算すると，相関がかなり高いにもかかわらずピアソンの積率相関係数は低い値となる。よって，2 変数が非線型の関係にあるときは，ピアソンの積率相関係数を使用せずに，相関比のような非線形用の相関係数を計算する方法を用いる。

2 変数 x，y の非線形関係を示す相関比（correlation ratio）は，η_{yx} あるいは η_{xy} で表され，前者を y の x に対する相関比，後者を x の y に対する相関比と呼ぶ。y の x に対する相関比（η_{yx}）の場合，相関比の 2 乗（η_{yx}^2）は，x の値（x_i）ごとに，それに対応する y の平均値（y_i）を計算し，それを個数で重み付けした重み付け分散を計算し，その重み付け分散に対する y の分散の比

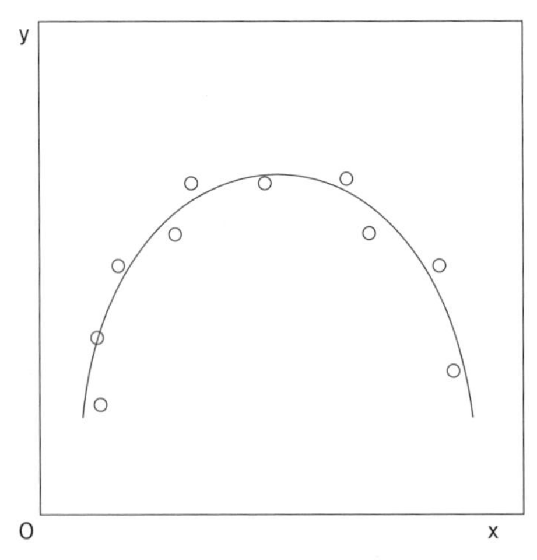

図 2-3　非線形関係

で定義され，

$$\eta_{yx}^2 = \frac{\text{与えられた}\,x\,\text{に対する}\,y\,\text{の平均値の重み付け分散}}{y\,\text{の分散}}$$

$$= \frac{\sum_{j=1}^{k} n_j(\overline{y}_j - \overline{y})^2/n}{\sum_{j=1}^{k}\sum_{i=1}^{nj}(y_{ij} - \overline{y})^2/n} \tag{2-8}$$

によって表される。y の x に対する相関比は，常に 0 以上の正の値であり，その範囲は $0 \leqq \eta_{yx} \leqq 1$ である。ただし，k は値の異なる x の個数で，$n = \sum_{j=1}^{k} n_j$，n_j は，x_j に対する y の値の個数を意味する。これに対して，x の y に対する相関比の 2 乗は，

$$\eta_{xy}^2 = \frac{\text{与えられた}\,y\,\text{に対する}\,x\,\text{の平均値の重み付け分散}}{x\,\text{の分散}}$$

$$= \frac{\sum_{j=1}^{l} n_j(\overline{x}_j - \overline{x})^2/n}{\sum_{j=1}^{l}\sum_{i=1}^{nj}(x_{ij} - \overline{x})^2/n} \tag{2-9}$$

によって表される。ただし，l は値の異なる y の個数，$n = \sum_{j=1}^{l} n_j$ である。よって $\eta_{yx}^2 \neq \eta_{xy}^2$ である。さらに，相関比と積率相関係数を比較すると，$\eta_{xy}^2 \geqq r_{xy}^2$ となる。等号は，2 変数が線形関係のときに成り立つ。

また，ピアソンの積率相関係数は，データが間隔尺度以上である必要がある。よって，データが名義尺度や順序尺度の場合には，その尺度に対応する相関係数を使用することになる。名義尺度の場合は，ϕ（ファイと読む）係数，一致係数が使用され，順序尺度の場合は，スピアマンの順位相関係数，ケンドールの順位相関係数が使用される。ϕ 係数は，2 変数 x，y がともに 2 値データ（x は，x_1，x_2 の 2 種類の値のみ，y は，y_1，y_2 の 2 種類の値のみとる）のときに使用され，次の式で計算される。

$$\phi = \frac{n_{11}n_{22} - n_{12}n_{21}}{\sqrt{n_{1.}n_{2.}n_{.1}n_{.2}}} \tag{2-10}$$

表 2-2　φ 係数の変数

	y_1	y_2	
x_1	n_{11}	n_{12}	$n_{1.}$
x_2	n_{21}	n_{22}	$n_{2.}$
	$n_{.1}$	$n_{.2}$	

ただし，式中の変数は，表 2-2 に定義される変数の度数を示し，たとえば，n_{11} は，x_1，y_1 の対の度数を示し，$n_{.1}$ は，変数 y_1 の周辺度数を示す。たとえば，大学生 40 名に，将来子どもが欲しいかどうかを尋ね，表 2-3 のような回答を得たとする。これより，性別と子ども願望の間に関連性があるかどうかを調べるときに，ϕ 係数を使用する。ϕ 係数は，-1 から 1 の間の値をとるが，名義尺度間の関連性を示し，変数に対する数値の付与の仕方によって，正になったり負になったりするので，ϕ 係数の符号には本質的な意味はない。どのように変数を定義したかをもとに解釈をしてゆく必要がある。実際に表 2-3 のデータの ϕ 係数を計算すると，

$$\phi=\frac{5\times5-15\times15}{\sqrt{20\times20\times20\times20}}=-0.5$$ となる。

表 2-3　性別と子ども願望との関係

	子どもが欲しい	子どもは欲しくない	計
男	5	15	20
女	15	5	20
計	20	20	40

スピアマンの順位相関係数の場合は，順位データをもとにして，相関係数を計算する。たとえば，表 2-1 の男子学生の身長と体重の間の相関係数をスピアマンの順位相関係数で計算する場合は，まず，身長を大きい順（あるいは小さい順）に順位をつける。同様にして，体重に関しての重い順（あるいは軽い順）に順位をつける。そして，これらの順位をもとにして，2変数間の相関係数をピアソンの積率相関係数の式を用いて計算するのである。

2) 回　帰

身長と体重，ウエストと体重の関係のように，2変数間に高い相関関係があると，一方の変数からもう一方の変数の値を予測することが可能になる。たとえば，身長から体重を予測したり，あるいは，ウエストから体重を予測したりする場合である。予測の程度は，相関係数が高い場合の方が良く，身長から体重を予測するよりもウエストから体重を予測する方が予測がより正確になる。一方の変数からもう一方の変数の値を予測するための予測式が回帰式である。回帰式は，説明変数と被説明変数からなり，説明変数と被説明変数の関係が線形関係の場合を，線形回帰式と呼び，非線型の場合を非線型回帰式と呼ぶ。図 2-4 に示される直線は，x から y を予測するための回帰直線を表し，体重がウエストによって直線的関係で予測されているので，線形回帰式である。線形回帰式は，説明変数が1つの場合は，

$$Y_i = a + bx_i \quad (2\text{-}11)$$

で表される。Y_i は，個人 i の予測された y の値，x_i は，個人 i の x の値を表し，個人 i の y の値を y_i とすると，

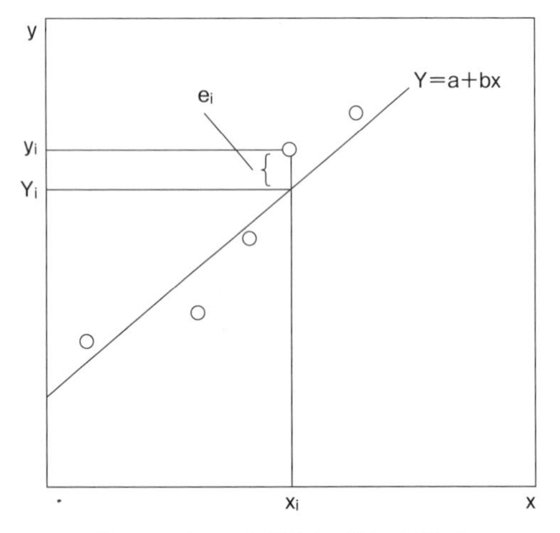

図 2-4　y を x から予測する場合の回帰式

$$y_i = Y_i + e_i = a + bx_i + e_i \tag{2-12}$$

の関係にある。e_i は，個人 i における Y_i と y_i との間のずれを意味し，残差を表す。a を定数，b を回帰係数と呼び，a，b は，最小 2 乗法によって残差の 2 乗和が最小になるように決定される。このようにして決定された a，b は，以下のようにして計算される。

$$\begin{aligned} a &= \overline{y} - b\overline{x} \\ b &= s_{xy}/s_x^2 \end{aligned} \tag{2-13}$$

y と x が直線関係以外の場合を非線型回帰式と呼ぶ。非線型回帰式の例として，

$$Y_i = cx_i^d \tag{2-14}$$

がある。この場合の非線型回帰式は，両辺の対数をとると（ただし，$Y_i > 0$，$x_i > 0$，$c > 0$），

$$\log Y_i = \log c + d\log x_i \tag{2-15}$$

となり，$W_i = \log Y_i$，$C = \log c$，$V_i = \log x_i$ とおくと，

$$W_i = C + dV_i \tag{2-16}$$

の線形回帰式となる。よって，最小 2 乗法を適用して，c，d が得られる。図 2-5 は，非線形の関係にある x と y を対数変換したものである。W の V への回帰式は，

$$W = -0.9407566 + 1.7587139\ V \tag{2-17}$$

であり，これより，

$$Y = \mathrm{e}^{-0.9407566}x^{1.7587139} = 0.3903324\ x^{1.7587139} \tag{2-18}$$

が得られる。

予測値は，回帰式の説明変数に実際のデータを代入することによって得られ，予測値と実際のデータとの間のズレが小さいほど，その回帰式は，有益な回帰式となる。予測率の良さを表す指標として，説明率がある。説明率は，予測値の分散（σ_Y^2）を実際のデータの分散（σ_y^2）で割った値で，図 2-1 の場合であれば，体重の回帰式は，予測された体重 $= -47.7296317 + 0.6384256\ \times$

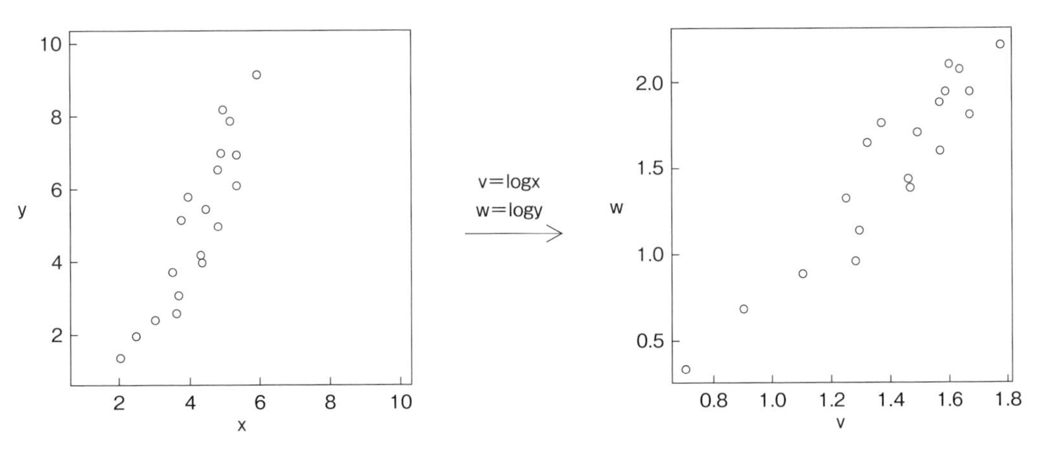

図 2-5　非線形回帰分析

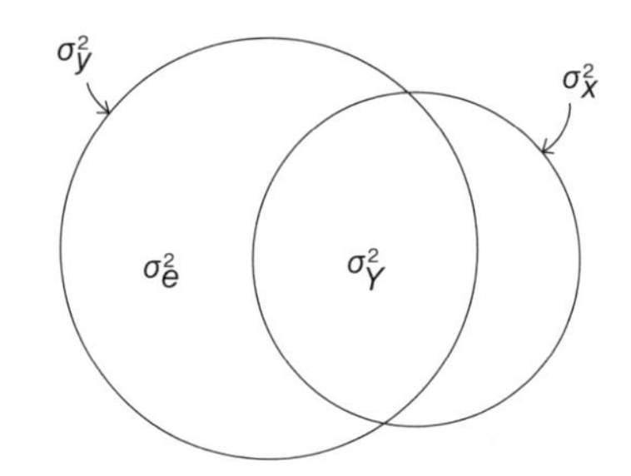

図 2-6　回帰式における説明率について

身長 である。これより，体重の予測値の分散は，29.70674，そして，実際の体重の分散は，118.3775 であるので，説明率（σ_Y^2/σ_y^2）は 0.2509492 となる。説明率は，0から1までの値で示され，説明率が1のとき，予測率100%となり，完全な予測を意味する。図 2-6 は，回帰式における説明率を図示したものである。

図 2-6 の左の円の面積が，被説明変数の分散（σ_y^2）を表し，右側の円の面積が説明変数の分散（σ_x^2）を意味する。被説明変数の分散は，説明変数によって予測される分散（σ_Y^2）と予測されない分散（σ_e^2）に分割される。2つの円の交わっている部分が，説明変数によって説明される被説明変数の分散（σ_Y^2）で，この部分が大きいほどよく予測されることになる。左の円の残りの部分が，説明変数によって予測されない被説明変数の分散（σ_e^2）である。これは，誤差分散である。説明率は，説明変数によって説明される被説明変数の分散を被説明変数の分散で割ったもので表され，説明変数で説明される分散と全体との間の比率である。よって，真ん中の共通部分の面積が大きいほど，説明率が大きいということになる。この説明率は，2変数が線形関係にあるときは，2変数間の相関係数の2乗（決定係数）に等しくなる。

3　2項分布と正規分布

1）確率について

統計的分布を理解するにあたり，確率について知っている必要がある。確率とは，ある事象の生起する確からしさを表す。たとえば，10円玉を1枚投げたときに生じる事象について考えてみよう。10円玉を投げると，表の出る事象と裏の出る事象のいずれかが生じる。このとき，表の出る確からしさは，どれくらいであろうか。あるいは，どれくらいの確からしさをもって，10円玉を1枚投げたときに，表が出ると予測することができるであろうか。10円玉を投げたとき，表の出る確からしさを表の出る確率という。この確率は，「関連する事象の起こる場合の数」を「起こりうるすべての場合の数」で割った値として定義される。10円玉を投げたときに起こりうる事象は，「表が出る」，「裏が出る」のいずれかで，起こりうるすべての場合の数は，表が出るか，裏が出るかの2通りである。そして，関連する事象の場合の数は，そのうちの表が出る場合で，1通り。よって表の出る確率は，0.5で，50%の確からしさで表が出ることになる。次に，目の数が6からなるサイコロをもとにして確率について考えてみよう。サイコロを振ったときに，1の目が出る確率はどれくらいであろうか。サイコロを1回振ると，起こりうるすべての場合の数は，各目の出る場合の数に等しいので，6通りである。そして，関連する事象の場合の数は，1の目が出る場合の数に等しいので，1通りである。よって，1の目の出る確率は1/6となる。では，5以上の目が出る確率はどうであろうか。起こりうるすべての場合の数は，6通り。関連する事象の場合の数は，5の目の場合と6の目の場合の2通り。よって，確率は1/3となる。今度は，赤い玉が20個，青い玉が5個入っているつぼから玉を1つ取り出したときに生じる事象の確率について考えてみよう。玉を1つ取り出したときに，それが青い玉である確率は，どうなるであろうか。このとき，起こりうるすべての場合の数は25通り，関連する事象の場合の数は5通り。よって，求める確率は5/25 = 0.2となる。

2) ベルヌイ分布

起こりうる事象が2つのみある場合の，その事象が生じる確率の分布を意味する。たとえば，10円玉を1枚投げたとき，起こりうる事象は，表の出る事象と裏の出る事象の2種類であるので，10円玉を1枚投げたときの事象は，**ベルヌイ分布**となる。また，上記のつぼから玉を取り出す事象においては，起こりうるすべての事象は，赤い玉が出る事象と青い玉が出る事象の2種類である。よって，玉を取り出したときの事象の確率分布も，ベルヌイ分布となる。サイコロの例の場合，起こりうる事象が6種類あるので，ベルヌイ分布ではないが，起こりうる事象を2種類のみの状況にすれば，その事象はベルヌイ分布となる。たとえば，サイコロの目が5以上あるいは，4以下になる事象は，ベルヌイ分布となる。

3) 2項分布

10円玉を1枚投げたときの事象は，ベルヌイ分布となることがわかった。では，10円玉を3枚投げたときの事象はどうであろうか。10円玉を3枚投げたとき，起こりうるすべての事象は，(表，表，表)，(表，表，裏)，(表，裏，表)，(表，裏，裏)，(裏，表，表)，(裏，表，裏)，(裏，裏，表)，(裏，裏，裏）の8（$=2^3$）通り。表が0枚出る場合は，8番目の場合で1通り。よって，表が0枚出る確率は1/8。表が1枚出る場合は，4，6，7番目の場合で3通り。よって，表が1枚出る確率は3/8。表が2枚出る場合は，2，3，5番目の場合で3通り。よって，表が2枚出る確率は3/8。表が3回出る場合は，1番目の場合で1通り。よって，表が3枚出る確率は1/8。

表が出るという事象は，0枚，1枚，2枚，3枚の4種類あるので，ベルヌイ分布ではない。しかしながら，10円玉1枚ずつの事象は，表あるいは裏のみが生ずるので，ベルヌイ分布に従う。すなわち，10円玉を3枚投げるという事象は，10円玉を1枚投げるというベルヌイ分布に従う事象が独立に3回生じたと考えることができる。一つひとつの事象がベルヌイ分布に従い，それが2回以上独立に生じて得られる事象の分布は，2項分布に従う。図2-8に3枚の10円玉を

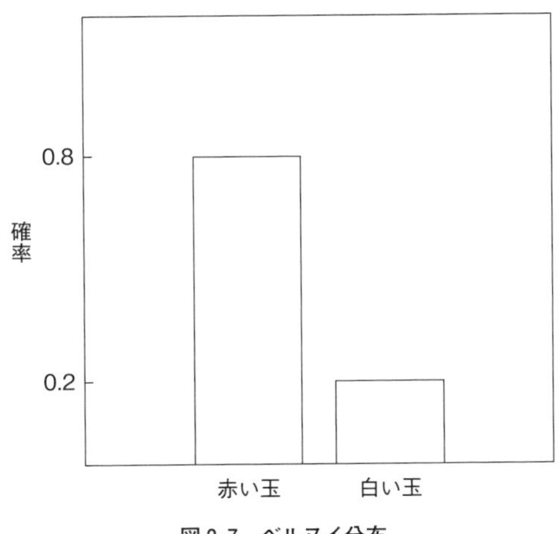

図2-7　ベルヌイ分布

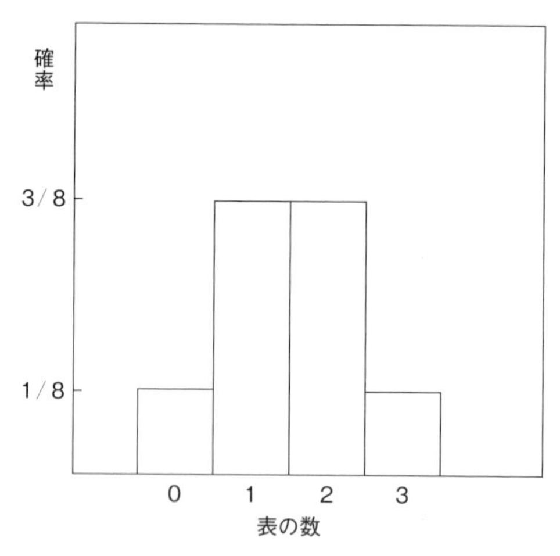

図 2-8　3 枚の 10 円玉を投げたときに，表が x 枚出る確率（2 項分布）

投げたときの表の出る確率分布（2 項分布）が示されている。横軸は表の出た数，縦軸はその確率を表す。10 円玉の表が出る事象は，0，1，2 という自然数であるので，横軸は離散変数である。10 円玉の枚数を n，表の出る確率を p，表が出る枚数を x とすると，表が x 枚出る確率 $P(x)$ は，

$$P(x) = {}_{n}\mathrm{C}_{x}\, p^{x}(1-p)^{n-x} \tag{2-19}$$

で表される。これは 2 項分布を表し，その平均と分散は，平均は np，分散は $np(1-p)$ である。

同様にして，10 枚の 10 円玉を投げたときの表の出る確率の分布は，図 2-9 に示す 2 項分布に従う。2 項分布は，事象が 2 つの場合のさまざまな事象の確率を計算するのに便利である。たとえば，10 問からなる，二者択一のテストがあるとしよう。今，ある学生が，ランダムに解答を選んだとき，10 問正解する確率は，10 枚の 10 円玉がすべて表あるいは，裏になる確率に等しい。よって，0.001 となる。あるいは，ランダムに解答をしたとき，8 問以上正解する確率は，0.044 + 0.01 + 0.001 = 0.0451 となる。ランダムに解答したとき，8 問以上正解する確率はかなり低いので，もしもその学生が 8 問以上正解したとしたら，ランダムに解答を選んでいない確率が高

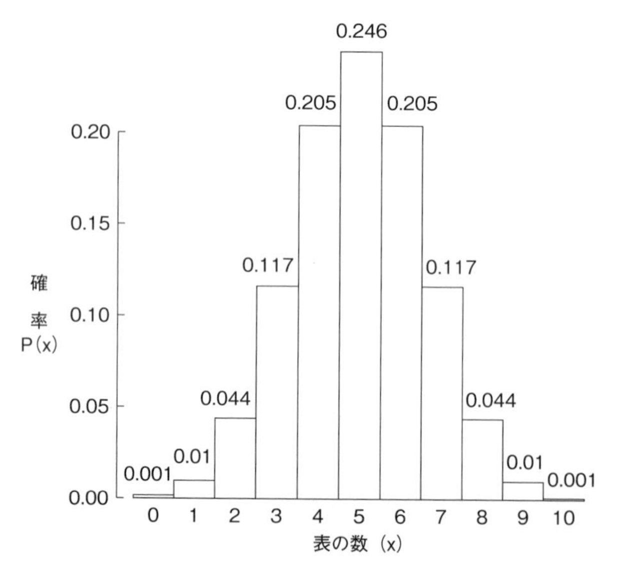

図 2-9　10 枚の 10 円玉を投げたときに表が x 枚出る確率

いことがいえよう。あるいは，ある人が，1枚の10円玉を10回投げたとき，その結果を8回以上当てる確率も0.0451となる。よって，もしもそのようなことが起こったとしたら，その人は，ランダムに10円玉の結果を当てていないことが推測される。このように2項分布は，さまざまな事象の確率計算に役立ち，統計では重要な分布である。

4）正規分布

正規分布は，図2-10に示されるようなつりがね型の分布である。横軸は，身長や体重のような連続変数である。図2-10は，平均0，分散1の正規分布で，標準正規分布と呼ばれている。**標準正規分布**は，$N(0, 1)$で表される。Nは，Normal distributionのNを表し，正規分布の頭文字である。カッコの中の数字は，順に平均，分散を表す。縦軸は，確率密度である。横軸が離散変数のときは，縦軸は確率を表すが，横軸が連続変数のときは，縦軸は確率密度を表示し，確率は，面積で表される。たとえば，図2-10において，zが0から1の間になる確率は，標準正規分布の0から1までの面積となる。zがある特定の値に完全に等しくなる確率は0であるので，面積も0となる。たとえば，$z=1$となる確率は0である。これは，正確には$z=1.000000$……であり，そのような値に等しくなる確率は0なのである。

図2-10に示されるように，標準正規分布は，山が1つの単峰形で，左右対称であるので，平均，メディアン，モードは一致する。また，横軸をzとすると，縦軸の確率密度yは，

$$y = \frac{1}{\sqrt{2\pi}} \mathrm{e}^{-\frac{1}{2}z^2} \tag{2-20}$$

となる。さらに，確率密度関数より，zが0から1の間に存在する確率は，0.3413，zが0から2の間に存在する確率は，0.4772となる。また，zが0から∞に存在する確率は，0.5で，$-\infty$から∞の間に存在する確率は1である。平均が0で，分散が1でない正規分布を，単に，**正規分布**と呼び，平均μ，分散σ^2を用いて，$N(\mu, \sigma^2)$で表される。その確率密度関数は，

$$y = \frac{1}{\sqrt{2\pi}\,\sigma} \mathrm{e}^{-\frac{1}{2}\left(\frac{x-\mu}{\sigma}\right)^2} \tag{2-21}$$

によって表される。$z=(x-\mu)/\sigma$とおくと，標準正規分布の確率密度関数となるので，標準正規分布は，平均μ，分散σ^2の正規分布を標準得点に変換した正規分布である。

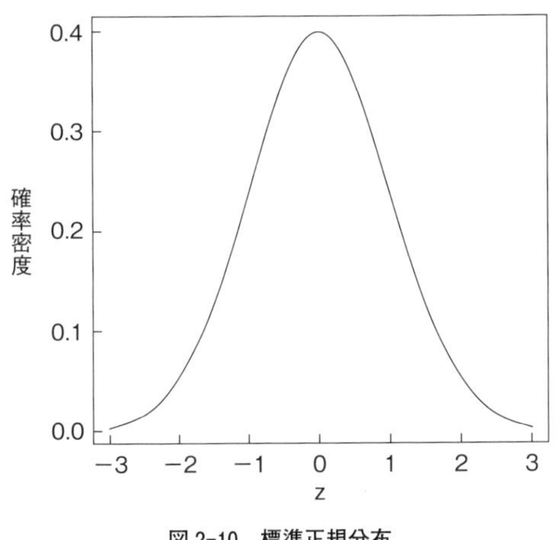

図2-10　標準正規分布

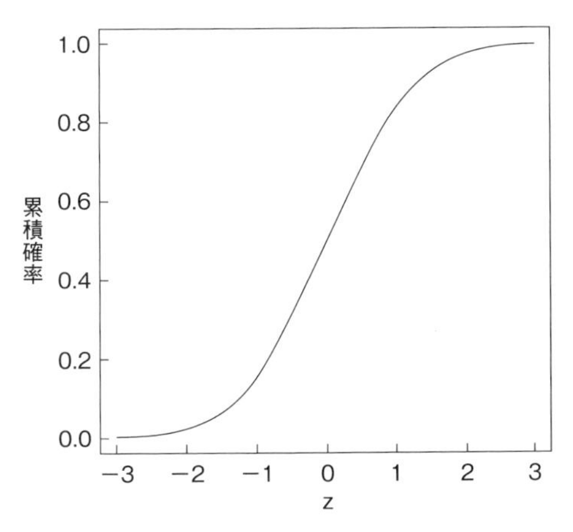

図2-11　累積標準正規分布

図2-11は，累積標準正規分布で，標準正規分布を累積した分布で，縦軸は，変数zがある値よりも小さくなる確率を表す。たとえば，$z=0$のときの縦軸の値は0.5で，これはzが0以下になる確率を表す。

変数が離散変数のときは2項分布が役に立つのと同様に，変数が連続変数のとき正規分布は事象の確率計算のために重要な役割を果たす。たとえば，ある知能テストの知能指数は，平均が100，分散が100の正規分布に従うとしよう。このとき，ランダムに1人の人を選んだとき，その人の知能指数が120以上である確率は，120を標準得点に直すと，$(120-100)/10=2$であるので，0.0228となりかなり低いことがわかる。また，ある人の知能指数が120のとき，それより知能指数が低い人は1万人中9,772人，それより高い人は1万人中228人であることがわかる。

3　R で t 検定

1　統計的推測について

1) 母平均と母分散の推定

何らかの調査をするときに，調査の対象となっている属性をもつすべての人，物などからなる集団を母集団と呼ぶ。たとえば，日本の中学生の英語能力を調べようとするとき，日本の中学生すべてからなる集団が母集団である。母集団に属するすべてのメンバーをもとにして計算した平均を母平均，分散を母分散と呼ぶ。通常は，母集団を構成するメンバーの数は，かなり大きく不明であることが多いので，母平均，母分散の値は未知であることが多い。母集団の母平均や母分散などをパラメータと呼ぶ。慣例的に，母平均は μ，母分散は σ^2 で表す。正規母集団であれば，対象となっている属性が正規分布に従う母集団で，その母平均と母分散を用いて，$N(\mu,\ \sigma^2)$ と表す。

通常は，母集団に属するすべてのメンバーを対象に調査ができないので，メンバーの一部を無作為に抽出し，平均と分散を求める。このように母集団の一部からなる集団を標本と呼ぶ。そして，標本の平均および分散を，標本平均，標本分散と呼ぶ。標本平均や標本分散などを統計量と呼ぶ。

標本をもとに平均や分散を計算するのは，標本が母集団の特性と同じであるという前提のもとに行われる。よって，標本平均は，母平均の良き推定値でなくてはならない。同じように標本分散は，母分散の良き推定値でなければならない。標本平均や標本分散のような統計量がパラメータの良き推定値であるかどうかは，良き推定値としての基準を満たす必要がある。その基準の一つに不偏性，すなわち偏りがないという基準がある。これは，同じ母集団から何度も標本を抽出し，そのたびに平均を計算したとき，それらの平均の平均が母平均に等しくなるようであれば，標本平均は母平均の良き推定値，不偏推定値と呼ばれる。通常の算術平均は，母平均の不偏推定値である。しかしながら，標本分散の場合は，標本を抽出するごとに，標本分散を計算し，その平均を求めても，母分散には等しくならないことが知られている。よって，標本分散は，母分散の不偏推定値ではない。母分散の不偏推定値を不偏分散と呼ぶ。両者の違いは，計算式の分母にあり，標本分散の場合は，偏差平方和を標本の大きさで割るが，不偏分散の場合は，標本の大きさ -1 で割る。

〈例〉

1，3，5 の標本分散は，平均が 3 であるので，$\{(3-1)^2+(3-3)^2+(5-3)^2\}/3$ であるが，不偏分散は，$\{(3-1)^2+(3-3)^2+(5-3)^2\}/2$ で求められる。

2）大数の法則と中心極限定理

同じ母集団から標本を抽出したとき，標本の大きさが同じであっても，標本を抽出するたびに，標本平均を計算すると，毎回標本平均は異なる。標本の大きさが異なると，標本平均は影響を受けるのであろうか。より正確な母平均を推定するためには，標本の大きさは大きい方がよいのであろうか。それとも小さくても推定の良さは変わらないのであろうか。一般的に標本の大きさを大きくすると，標本平均は母平均に限りなく近づいてゆく。この性質を大数の法則と呼ぶ。よって，標本平均が母平均の良き推定値であるためには，標本の大きさが大きい方がよい。また，標本平均の分布を考えると，標本平均の平均は，母平均μに等しく，そして，標本平均の分散は，母分散σ^2を標本数nで割ったもの（σ^2/n）に等しい。さらに，標本平均の分布は，標本の大きさが大きくなれば，正規分布に近づいてゆくという性質がある。標本平均のこれらの性質を中心極限定理と呼ぶ。

3）母平均の区間推定

いま，母平均が50，母分散が100である正規分布に従う母集団（正規母集団）から，標本の大きさが20の標本を抽出したとき，標本平均が，40から60の間に入る確率は，0.68である。よって，68％の信頼性をもって，標本平均は40と60の間に存在すると推測することができる。

$$40 < \text{標本平均} < 60 \quad \text{となる確率は，0.68}$$

これをもとに標本平均を標準化すると，

$$\frac{40 - \text{標本平均の平均}}{\text{標本平均の標準偏差}} < \frac{\text{標本平均} - \text{標本平均の平均}}{\text{標本平均の標準偏差}} < \frac{60 - \text{標本平均の平均}}{\text{標本平均の標準偏差}}$$

中心極限定理により，標本平均の平均は，母平均に等しく，標本平均の分散は母分散を標本の大きさ（n）で割ったものに等しいので，母平均をμ，標本平均を$\overline{x}$，母分散をσ^2，標本平均の分散を$\sigma_{\overline{x}}^2$とすると，

$$\frac{40 - \mu}{\sigma_{\overline{x}}} < \frac{\overline{x} - \mu}{\sigma_{\overline{x}}} < \frac{60 - \mu}{\sigma_{\overline{x}}}$$

これは，

$$-1 < (\overline{x} - \mu)/\sigma_{\overline{x}} < 1$$

に等しい。そして，不等式を変形して，

$$\overline{x} - \sigma_{\overline{x}} < \mu < \overline{x} + \sigma_{\overline{x}}$$

となる。これより，$\overline{x}$と$\sigma_{\overline{x}}$がわかれば，μの範囲を区間推定することが可能になる。この場合，母平均μは，68％の信頼水準で，

$\overline{x} - \sigma_{\overline{x}} < \mu < \overline{x} + \sigma_{\overline{x}}$　の範囲に存在する。

95％の信頼水準で母平均μを区間推定する場合は，

$$\overline{x} - 1.96\,\sigma_{\overline{x}} < \mu < \overline{x} + 1.96\,\sigma_{\overline{x}}$$

となる。

$\overline{x}$ は，標本平均であるので，データから得ることができるが，$\sigma_{\overline{x}}$ は，母分散がわからないと，その値はわからない。

2 χ^2 分布と t 分布

1) χ^2 分布

母平均が μ，母分散が σ^2 の正規母集団 $N(\mu,\ \sigma^2)$ があり，そこからランダムに大きさ n の標本を抽出したとしよう。このとき，標本平均を $\overline{x}$，標本分散を s^2 とすると，

$$y_1 = ns^2/\sigma^2 \tag{3-1}$$

は，**自由度** $df = n - 1$ の χ^2 分布に従う。χ^2 分布の確率密度関数は，

$$f(\chi^2) = \frac{1}{2^{df/2}\Gamma(df/2)}(\chi^2)^{\frac{df}{2}-1}\mathrm{e}^{-\frac{\chi^2}{2}} \tag{3-2}$$

で表され，図 3-1 のように，自由度の大きさによって形が変化する分布である。ただし，式中の Γ はガンマ分布を意味する。また，自由度（degree of freedom）とは，自由に動ける確率変数という意味で，上の式の場合，n 個の x_i が確率変数であるが，これらを用いて平均 $\overline{x}$ を計算しているため，自由に動ける確率変数の数が 1 つ減り，$n - 1$ となる。すなわち，$(x_1 + x_2 + \cdots + x_n)/n = \overline{x}$ で，$\overline{x}$ は特定の値となるため，x_1 から x_n までの確率変数のうち，$n - 1$ 個の確率変数の値が決まると，残りの 1 つの確率変数の値は，自動的に決まってしまうので，n 番目の確率変数は，自由に動けないことになる。

χ^2 分布の平均は df で自由度に等しく，分散は $2df$ で自由度の 2 倍に等しい。

2) t 分布

さらに，$z = (\overline{x} - \mu)/(\sigma/\sqrt{n})$ として，

$$y_2 = z/\sqrt{x^2/df} \tag{3-3}$$

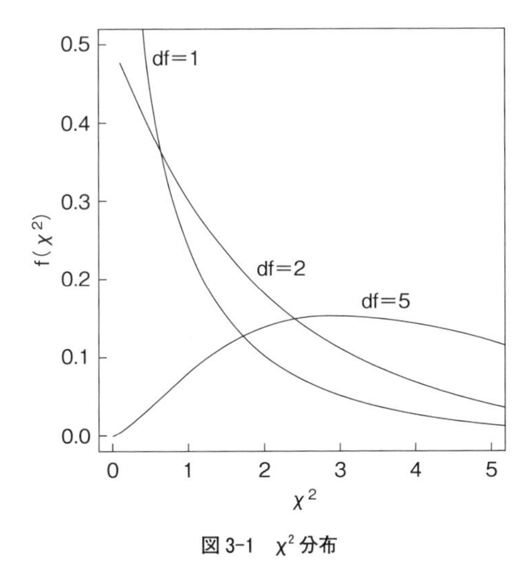

図 3-1 χ^2 分布

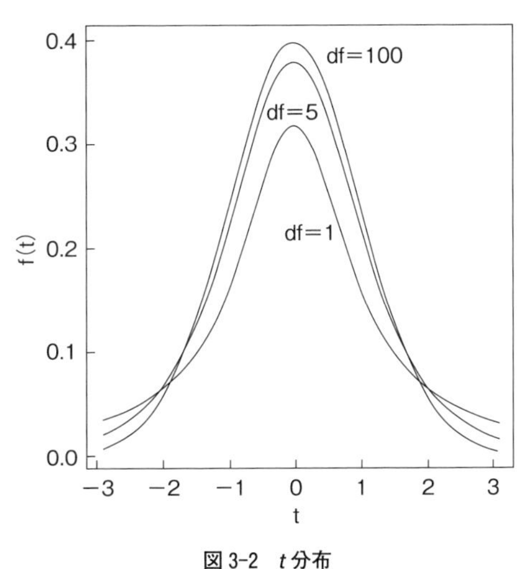

図 3-2 t 分布

とすると，y_2は，自由度$df = n - 1$のt分布に従う。図3-2に示されるように，t分布は，自由度によって形が変わる分布であるが，左右対称で，単峰であり，nが大きくなるに従い，標準正規分布に近づいてゆく。式（3-3）は，

$$t = y_2 = (\overline{x} - \mu)/(u/\sqrt{n}) \tag{3-4}$$

となり，式（3-3）の母標準偏差σの代わりにその不偏推定値uを代入した式である。すなわち，母標準偏差の代わりにその推定値uを使用すると，$df = n - 1$のt分布に従うことになる。t分布の確率密度関数は，

$$f(t) = \frac{1}{\sqrt{df}\,B(df/2,\,1/2)}(1 + t^2/df)^{-\frac{df+1}{2}} \tag{3-5}$$

である。ただし式中のBはベータ分布を意味する。また，t分布の平均は0，分散は$df/(df - 2)$である。

3　統計的仮説検定

1）帰無仮説と対立仮説

「独立行政法人国立印刷局で作られる一万円札は，平均2g，標準偏差0.1gの正規分布に従うとする。いま，ここに，重さが2.2gの一万円札が1枚ある。この一万円札は，国立印刷局で作られたものと考えてよいか」という問題が与えられたとしよう。このとき，手元にある一万円札が国立印刷局で作られたものであると仮定（帰無仮説（null hypothesis: H_0））すると，どのようなことが起こるであろうか。帰無仮説のもとで，一万円札が2.2g以上の重さになる確率は，0.02275013である。よって，帰無仮説のもとでそのようなことが起きる確率は，かなり小さいので，帰無仮説が正しいと考えるよりも帰無仮説が正しくないと考える方がよいと考えられる。すなわち，手元にある一万円札は，国立印刷局で作られたものではないと考える。この国立印刷局で作られたものではないという仮説は，帰無仮説に対立する仮説なので，対立仮説（alternative hypothesis: H_1）と呼ぶ。このように帰無仮説のもとで，ある事象が起こる確率を計算し，その確率をもとに帰無仮説を棄却したり，採択したりする考え方を統計的仮説検定と呼ぶ。帰無仮説は，最終的に棄却されることが多いので，帰無仮説と呼ばれる。帰無仮説が棄却されるか，採択されるかは，当該の事象が起こる確率が，ある基準よりも小さいかどうかで決められる。このときの基準となる確率を有意水準（level of significance: α）と呼ぶ。有意水準としては，5％あるいは，1％を採用することが心理学のような社会科学では多い。帰無仮説が棄却され，対立仮説が採択されたということは，手元にある一万円札は，母集団の平均が2gより大きいか，小さいかのいずれかの母集団から抽出されたと考えられる。このとき，対立仮説のもとでは，母集団の平均は，2gより大きい場合と小さい場合の2方向あるので，このような場合を両側検定（two-sided test）と呼ぶ。これに対して，対立仮説が，母平均が2gより大きい場合のみであれば，あるいは，小さい場合のみであれば，片側検定（one-sided test）と呼ぶ。5％の有意水準のとき，両側検定であれば，帰無仮説を棄却あるいは採択する基準となる確率は，大きいあるいは小さいの両方向で合わせて5％となるので片方向だけでは有意水準の半分の2.5％となるが，片側検定の場合は，片方向のみなので基準となる確率は5％となる。このように，帰無仮説を棄却するか

否かの基準となる確率は，有意水準と検定の種類（両側あるいは片側）によって決定される。

統計的仮説検定を行うには，まず，帰無仮説を決め，次に，対立仮説を決める。対立仮説によって，検定が両側検定か片側検定かが決まる。そして，有意水準（α）を決め，そして，それをもとに帰無仮説を棄却あるいは採択する臨界値（z_C）を決定する。

そして，帰無仮説のもとで，

$$z = (x - \mu)/\sigma \tag{3-6}$$

を計算し，$|z| > z_C$ ならば，帰無仮説を棄却し，$|z| \leqq z_C$ ならば，帰無仮説を採択する。このとき，x は標本の値，この場合 $x = 2.2$，μ は母集団の平均，この場合 $\mu = 2$，σ は母集団の標準偏差で，この場合 $\sigma = 0.1$ である。そして，母集団は正規分布に従うので，両側検定５％の有意水準のもとでは，$z_C = 1.96$ となる。$z = (2.2 - 2)/0.1 = 2$ は，1.96 より大きいので，帰無仮説を棄却することになる。

仮説検定は，上記のように z 値を計算して，それが臨界値 z_C よりも大きいかどうかを比較して決める方法のほかに，当該事象が帰無仮説のもとで生じる確率値 P（有意確率という）を直接計算して，それが有意水準よりも大きいかどうかで決める方法もある。この例の場合であれば，2.2 g の一万円札が，帰無仮説のもとで生じる有意確率は，0.02275013 で，0.025 より小さい。よって，両側検定，５％の有意水準で帰無仮説を棄却するとすることも可能である。ただし，これらは，帰無仮説のもとで，当該事象が正規分布に従うという前提のもとで計算がおこなわれているので，正規分布に従わない場合は対応する分布のもとで有意確率を計算する。

2）第１種のエラーと第２種のエラー

５％の有意水準で帰無仮説を棄却したとき，その結論は 95％の信頼水準にある。すなわち，95％の確率で正しい。しかしながら，５％の確率でその結論が間違っている可能性がある。すなわち，５％の確率で正しい帰無仮説を棄却してしまったことになる。帰無仮説が正しいにもかかわらず，帰無仮説を棄却してしまう誤りを第１種のエラー（type Ⅰ error）と呼ぶ。第１種のエラーが生じる確率は，有意水準 α に等しい。逆に，帰無仮説が誤っているにもかかわらず，帰無仮説を採択してしまう誤りを第２種のエラー（type Ⅱ error）と呼ぶ。第２種のエラーが生じる確率は，β で表される。β は，対立仮説のもとで当該事象が生じる確率である。$1-\beta$ を検定力と呼ぶ。検定力は，帰無仮説が誤っているときに帰無仮説を棄却する確率で，これが高いほどよい検定である。ただし，β は対立仮説のもとでの母集団の性質が既知でないと計算できない。

表 3-1　第１種のエラーと第２種のエラー

	帰無仮説を棄却	帰無仮説を採択
帰無仮説が正しい	第１種のエラー（α）	正しい判断
帰無仮説が誤っている	正しい判断：検定力（$1-\beta$）	第２種のエラー（β）

3）両側検定と片側検定

両側検定

「問題」　国立印刷局で作られる一万円札は，平均 2 g，標準偏差 0.1 g の正規分布に従うとする。いま，ここに，重さが 2.2 g の一万円札がある。この一万円札は，国立印刷局で作られたものと考えてよいか。

帰無仮説（H_0）：手もとの一万円札は，国立印刷局で作られたものである（$\mu = 2$）。
対立仮説（H_1）：手もとの一万円札は，国立印刷局で作られたものではない（$\mu \neq 2$）。
有意水準：$\alpha = 0.05$
臨界値：$z_C = 1.96$
$z = (x - \mu)/\sigma = (2.2 - 2)/0.1 = 2$
$|z| > 1.96$ なので，帰無仮説を棄却する。
結論：両側検定，5％の有意水準のもとで，帰無仮説 $\mu = 2$ を棄却する。よって，手元にある一万円札は，国立印刷局で作られたものとはいえない。

「問題」 国立印刷局で作られる一万円札は，平均2 g，標準偏差0.1 gの正規分布に従うとする。いま，ここに，重さが2.2 gの一万円札がある。この一万円札は，国立印刷局で作られたものと考えてよいか。
帰無仮説（H_0）：手もとの一万円札は，国立印刷局で作られたものである（$\mu = 2$）。
対立仮説（H_1）：手もとの一万円札は，国立印刷局で作られたものではない（$\mu \neq 2$）。
有意水準：$\alpha = 0.05$
臨界確率値：$p_C = 0.025$
p=0.02275013
$p < 0.025$ なので，帰無仮説を棄却する。
結論：両側検定，5％の有意水準のもとで，帰無仮説 $\mu = 2$ を棄却する。よって，手元にある一万円札は，国立印刷局で作られたものとはいえない。

片側検定
「問題」 国立印刷局で作られる一万円札は，平均2 g，標準偏差0.1 gの正規分布に従うとする。いま，ここに，重さが2.2 gの一万円札がある。この一万円札は，国立印刷局で作られた一万円札より重いと考えてよいか。
帰無仮説（H_0）：手もとの一万円札は，国立印刷局で作られたものである（$\mu = 2$）。
対立仮説（H_1）：手もとの一万円札は，国立印刷局で作られたものよりも重い（$\mu > 2$）。
有意水準：$\alpha = 0.05$
臨界値：$z_C = 1.64$
$z = (x - \mu)/\sigma = (2.2 - 2)/0.1 = 2$
$|z| > 1.64$ なので，帰無仮説を棄却する。
結論：片側検定，5％の有意水準のもとで，帰無仮説 $\mu = 2$ を棄却する。よって，手元にある一万円札は，国立印刷局で作られたものよりも重いといえる。

このように，両側検定にするか，片側検定にするかは，問題文の中に手がかりがある。それに基づいて決めればよい。一般的には，一方の方向のみに可能性があって，他方の方向には可能性がほとんどない場合，可能性のある方向のみの片側検定を使用することになる。片側検定の場合の方が，臨界値が小さいので，帰無仮説を棄却しやすい。

4　t検定について

1) ある標本が特定の母集団からの標本であるかどうかの検定

t分布は，統計的検定において，以下に示すように母分散が未知のときに使用される。手もと

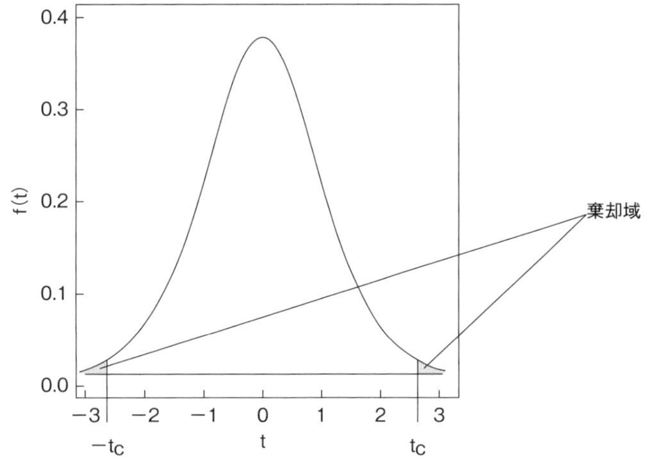

図 3-3　帰無仮説のもとでの t 分布

にある大きさ n，標本平均 $\overline{x}$，標本分散 s^2 の標本 x が正規母集団 $N(\mu, \sigma^2)$ からの標本であるかどうかを検定する。手もとの標本の正規母集団を $N(\mu_1, \sigma^2)$ としたとき，「手もとにある大きさ n，標本平均 $\overline{x}$，標本分散 s^2 の標本は，正規母集団 $N(\mu, \sigma^2)$ からの標本である」という帰無仮説 H_0，すなわち，$H_0 : \mu = \mu_1$ のもとで，

$$t = (\overline{x} - \mu)/(u/\sqrt{n}) \tag{3-7}$$

は，自由度 $df = n-1$ の t 分布に従う。両側検定，５％の有意水準で，この帰無仮説を検定すると，もしも $|t| > t_c$ ならば，帰無仮説を棄却し，「手もとにある大きさ n，標本平均 $\overline{x}$，標本分散 s^2 の標本は，正規母集団 $N(\mu, \sigma^2)$ からの標本ではない」という対立仮説 H_1，すなわち，$H_1 : \mu \neq \mu_1$ を採択する。もしも $|t| \leqq t_c$ ならば，帰無仮説を採択する。ただし，t_c は，臨界値を示し，両側検定，５％の有意水準においては，t 分布の下側確率が 0.975 となるときの t 値であり，自由度と有意水準で決定される基準値である。帰無仮説が正しければ，データから計算された t 値は，95％の確率で，$|t| \leqq t_c$ となることが期待される。よって，$|t| > t_c$ ならば，帰無仮説のもとでそのような結果が生じるのは５％以下であるので，帰無仮説を棄却することになる。

2)　２つの標本平均の母集団の母平均は，等しいかどうかの検定

手もとにある２つの標本が同じ母平均の母集団からの標本であるかどうかを検定する場合を考えよう。いま，２つの標本の大きさを，n_1，n_2，標本平均を $\overline{x}_1$，$\overline{x}_2$，不偏分散を $u^2{}_1$，$u^2{}_2$ とする。このとき，２つの標本平均の母集団の母平均が等しいかどうかを検定するには，２つの標本の母集団の母分散が等しいかどうかで，母分散の推定方法は異なる。

1）２つの母集団の母分散は，未知であるが，母分散は等しい場合

２つの標本の正規母集団を $N(\mu_1, \sigma^2{}_1)$，$N(\mu_2, \sigma^2{}_2)$ とするとき，標本平均の差を $y = \overline{x}_1 - \overline{x}_2$ とすると，y は，平均 $\mu_1 - \mu_2$，分散 $\sigma^2{}_1/n_1 + \sigma^2{}_2/n_2$ の正規分布に従う。よって，

$$z = ((\overline{x}_1 - \overline{x}_2) - (\mu_1 - \mu_2)) / \sqrt{\sigma^2{}_1/n_1 + \sigma^2{}_2/n_2}$$

は，標準正規分布 $N(0, 1)$ に従うことになる。$\sigma^2{}_1 = \sigma^2{}_2 = \sigma^2$ として，σ^2 の代わりに u^2 を代入すると，

$H_0 : \mu_1 = \mu_2$ のもとでは，

$$t = (\overline{x}_1 - \overline{x}_2)/\sqrt{u^2(1/n_1 + 1/n_2)} \tag{3-8}$$

は，自由度 $df = n_1 + n_2 - 2$ の t 分布に従う。ここにおいて，u^2 は，2 つの標本分散をもとにして得られた分散（pooled variance）である。母分散が等しい場合は，

$$u^2 = (n_1 s^2{}_1 + n_2 s^2{}_2)/(n_1 + n_2 - 2)$$

となる。母分散が等しいので，2 つの標本をまとめて 1 つにして，より大きな標本にして母分散を推定するのである。

2）母分散が未知であるが，等しくないことがわかっていて，標本の大きさが同じ場合

この方法は，Cochran-Cox の方法と呼ばれるもので，

$$t = (\overline{x}_1 - \overline{x}_2)/\sqrt{u^2{}_1/n + u^2{}_2/n} \tag{3-9}$$

は，自由度 $df = n - 1$ の t 分布に従うことを利用して，平均値の差の検定を行う。

3）母分散が未知であるが，等しくないことがわかっていて，標本の大きさが異なる場合

この方法は，Welch の方法と呼ばれ，

$$t = (\overline{x}_1 - \overline{x}_2)/\sqrt{u^2{}_1/n_1 + u^2{}_2/n_2} \tag{3-10}$$

を計算し，両側検定，5 %有意水準の場合，$|t| > t_C$ ならば，帰無仮説を棄却し，そうでなければ帰無仮説を採択する。

ただし，$u^2{}_1 > u^2{}_2$ のとき $df = (n_1 - 1)(n_2 - 1)/((n_2 - 1)c^2{}_1 + (n_1 - 1)(1 - c_1)^2)$，
$c_1 = (u^2{}_1/n_1)/(u^2{}_1/n_1 + u^2{}_2/n_2)$
である。

4）2 つの標本に対応がある場合の t 検定

上述した t 検定の場合，2 つの標本はランダムに母集団から抽出されていたが，2 つの実験条件に同じ被験者が参加するような場合，2 つの標本間に対応がある。このような場合の 2 つの平均値の差の検定においては，

$$\begin{aligned} t &= \frac{\overline{x}_1 - \overline{x}_2}{\sqrt{\dfrac{s^2{}_1 + s^2{}_2 - 2rs_1s_2}{n-1}}} \\ &= \frac{\overline{x}_1 - \overline{x}_2}{\sqrt{\dfrac{s^2{}_1 + s^2{}_2 - 2s_{12}}{n-1}}} \\ &= \frac{\overline{x}_1 - \overline{x}_2}{\sqrt{\dfrac{u^2{}_1 + u^2{}_2 - 2u_{12}}{n}}} \\ df &= n - 1 \end{aligned} \tag{3-11}$$

を利用する。これは，2 つの標本間に対応があるので，2 つの平均値の差の分散を計算する際に標本共分散 s_{12}（あるいは母集団の共分散の不偏推定値 u_{12}）が必要なのである。

3) t 分布を利用した相関係数の検定

1）母集団における２変数の相関係数が０かどうかの検定（無相関検定）

大きさ n の標本における２変数 x と y の間の積率相関係数 r は，母集団における２変数 x と y の積率相関係数 $\rho = 0$ からの標本であるかどうかの検定を考える。$\rho = 0$ の母集団から抽出された標本の相関係数 r は，

$$t = \frac{r\sqrt{n-2}}{\sqrt{1-r^2}}$$
$$df = n - 2 \qquad (3\text{-}12)$$

の t 分布に従うことが知られている。このことを利用して，手もとにある標本の相関係数は，母集団において $\rho = 0$ であるかどうかを検定することができる。帰無仮説 $H_0 : \rho = 0$ のもとでは，$|t| > t_C$ ならば，帰無仮説を棄却し，対立仮説 $H_1 : \rho \neq 0$ を採択する。$|t| \leqq tc$ ならば，帰無仮説を採択する。

2）２つの標本における２変数の相関係数は，母集団における相関係数は等しいかどうかの検定

２つの標本があり，各標本における２変数 x と y との相関係数を，r_1，r_2 とする。今，これらの母集団における２変数 x と y の相関係数を，ρ_1，ρ_2 とする。フィッシャーの z 変換によって，標本相関係数を z 変換すると，$z_1 = 0.5\log(1 + r_1)/(1 - r_1)$，$z_2 = 0.5\log(1 + r_2)/(1 - r_2)$ となり，これらは，標本の大きさが大きいとき $(n > 40)$，近似的に，順に平均 ζ_1，ζ_2，分散 $1/(n_1-3)$，$1/(n_2 - 3)$ の正規分布に従う。ただし，$\zeta = 0.5\log(1 + \rho)/(1 - \rho)$ である。これを利用して，帰無仮説 $H_0 : \rho_1 = \rho_2$ のもとでは，

$$d = (z_1 - z_2)/\sqrt{(1/(n_1-3)+1/(n_2-3))} \qquad (3\text{-}13)$$

は，近似的に標準正規分布に従うことが知られている。よって，両側検定で，５％の有意水準では，$d > 1.96$ ならば，帰無仮説を棄却し，対立仮説を採択する。$d \leqq 1.96$ ならば，帰無仮説を採択する。

4) t 分布を利用した回帰係数の検定

母集団において，線形回帰モデル $y_i = \alpha_0 + \alpha_1 x_i + e_i$ が成り立つとする。e_i は，残差項で互いに独立で，正規分布 $N(0, \sigma^2)$ に従うとする。このような母集団から，x と y に関し，大きさ n の標本を抽出し，線形回帰モデル $y_i = a_0 + a_1 x_i + e_i$ を得たとする。標本における線形回帰モデルは，当然ながら，標本が変わるごとに，定数項 a_0 と回帰係数 a_1 の値が変化する。このとき，a_0 は，

$$平均\ E(a_0) = \alpha_0,$$
$$分散\ V(a_0) = \frac{\sigma^2}{n}\left(1 + \frac{\overline{x}^2}{s^2}\right)$$

の正規分布に従い，a_1 は，

$$平均\ E(a_1) = \alpha_1,$$
$$分散\ V(a_1) = \sigma^2/(ns^2)$$

の正規分布に従う。そこで，

$$z_0=(a_0-\alpha_0)/\sqrt{V(a_0)} \qquad (3\text{-}14)$$

$$z_1=(a_1-\alpha_1)/\sqrt{V(a_1)} \qquad (3\text{-}15)$$

とすると，z_0，z_1 は，平均 0，分散 1 の標準正規分布に従う。$V(a_0)$，$V(a_1)$ の代わりに不偏推定値を利用すると，

$$t_0=(a_0-\alpha_0)/\sqrt{V_e(a_0)}=(a_0-\alpha_0)/\sqrt{\frac{u^2}{n}\left(1+\frac{\bar{x}^2}{s^2}\right)} \qquad (3\text{-}16)$$

$$t_1=(a_1-\alpha_1)/\sqrt{V_e(a_1)}=(a_1-\alpha_1)/\sqrt{\frac{u^2}{(ns^2)}} \qquad (3\text{-}17)$$

は，いずれも自由度 $n-2$ の t 分布に従う。これらを利用して，定数項，回帰係数の検定を行うことができる。

1）定数項の検定

定数項の検定は，母集団における回帰式の定数が 0 であるかどうかの検定である。よって，帰無仮説は，$H_0:\alpha_0=0$，対立仮説は $H_1:\alpha\neq 0$ である。この帰無仮説の下で（式 3-16）を利用して，t_0 値を計算する。

$|t_0|>t_C$ ならば，帰無仮説を棄却し，対立仮説を採択する。

$|t_0|\leqq t_C$ ならば，帰無仮説を採択する。

2）回帰係数の検定

同様に，回帰係数の検定は，母集団における回帰式の回帰係数が 0 であるかどうかの検定である。帰無仮説は，$H_0:\alpha_1=0$ で，対立仮説は $H_1:\alpha_1\neq 0$ である。この帰無仮説のもとで，（式 3-17）を利用して，t_1 値を計算する。

$|t_1|>t_C$ ならば，帰無仮説を棄却し，対立仮説を採択する。

$|t_1|\leqq t_C$ ならば，帰無仮説を採択する。

5）母比率に関する検定

1）手もとにある標本が，ある母集団からの標本であるかどうかの検定

標本の代表値が平均ではなく比率で与えられているとき，その標本がある特定の母集団からの標本であるかどうかの検定をする場合が生じる。いま，その母集団における母比率を π，そして，標本比率を p，標本の大きさを n とすると，手もとの標本が当該の母集団からの標本であるという帰無仮説のもとで，

$$z=\frac{p-\pi}{\sqrt{\pi(1-\pi)/n}} \qquad (3\text{-}18)$$

は，近似的に正規分布に従うことが知られている。この性質を利用して，帰無仮説の検定を行うことができる。すなわち，両側検定，5％の有意水準で，$z>1.96$ ならば帰無仮説を棄却し，$z\leqq 1.96$ ならば，帰無仮説を採択する。ただし，正規分布への近似は，標本の大きさが大きいこと，$n\pi(1-\pi)$ が大きいことが必要である。

2）2つの母比率が同じであるかどうかの検定

データによっては，平均値の比較ではなく，比率の比較を行うことが生じる。たとえば，男20名，女20名に新作のケーキを食べてもらい，そして，60%の男がおいしいと答え，85%の女がおいしいと答えたとしよう。このとき，男と女では，ケーキに対する評価に違いがあるのかどうかを調べるのはどうしたらよいのであろうか。このようなときに比率の差の検定が生じるのである。いま，母集団において男がおいしいと評価する比率を π_1，女がおいしいと評価する比率を π_2 として，2つの標本の母比率に違いはない，すなわち，$\pi_1 = \pi_2$ という帰無仮説を立てる。このとき，

$$z = \frac{p_1 - p_2}{\sqrt{\pi(1-\pi)(1/n_1 + 1/n_2)}} \tag{3-19}$$

が近似的に正規分布に従うことが知られている。よって，この性質を利用して，帰無仮説を検定すればよい。すなわち，両側検定，5%の有意水準で，$z > 1.96$ であれば，帰無仮説を棄却し，$z \leqq 1.96$ であれば，帰無仮説を採択する。ただし，z が正規分布に近似するには，標本数が大きいこと，$n\pi$ および $n(1-\pi)$ が5以上であることが必要である。また，π の値が与えられていないので，π の推定値として，

$$p = \frac{n_1 p_1 + n_2 p_2}{n_1 + n_2}$$

を π に代入して使用する。この p は，2つの標本を1つにまとめた時の標本比率である。

5　Rで t 検定

Rでは，母分散の同質性検定の関数として var.test が，そして，t 検定の関数として t.test が準備されている。これらを利用して t 検定を行ってみよう。まず，2つの標本 x1，x2 が以下の内容とする。ただし，2つの標本の間には対応がないとする。

```
>x1<-c(4,5,4,6,7)
>x2<-c(7,6,8,7,9)
```

まず，母分散の同質性検定を行う。

```
>var.test(x1,x2)
```

すると，以下の出力を得る。F 値とその自由度（num df が分子の自由度，denom df が分母の自由度），P 値および95% 信頼区間（下限と上限の値）が出力される。

```
        F test to compare two variances

data:  x1 and x2
F = 1.3077, num df = 4, denom df = 4, p-value = 0.8012
```

```
alternative hypothesis: true ratio of variances is not equal to 1
95 percent confidence interval:
  0.1361537 12.5597698
sample estimates:
ratio of variances
          1.307692
```

5%の有意水準で両側検定であれば，出力の中の p-value が 0.025 より小さければ有意差がある。この場合，p-value = 0.8012 であるので，有意差がない。したがって，母分散の同質性が認められた。信頼区間をもとにすると，下限と上限の信頼区間の間に 0 が含まれなければ，有意差があることになる。

次に，母分散が同質の場合の t 検定を行う。

```
> t.test(x1,x2,var.equal=TRUE)
```

母分散が同質であれば，var.equal＝TRUE とし，そうでなければ，var.equal＝FALSE とする。実行すると，以下の出力を得る。

```
        Two Sample t-test

data:  x1 and x2
t = -2.8402, df = 8, p-value = 0.02181
alternative hypothesis: true difference in means is not equal to 0
95 percent confidence interval:
 -3.9862231 -0.4137769
sample estimates:
mean of x mean of y
      5.2       7.4
```

t 値とその自由度，p 値，95% 信頼区間（下限と上限），および 2 つの標本平均が出力される。出力より，p-value = 0.02181 で 0.025 より小さいので有意差ありとなる。よって，5% の有意水準，両側検定において，2 つの母平均の間に有意差あり。

なお，2 つの標本の間に対応がある場合は，paired＝TRUE として，以下のように行う。ただし，上述の x1，x2 が対応のある場合とする。

```
t.test(x1,x2,var.equal=TRUE,paired=TRUE)
```

すると，以下の出力を得る。

```
        Paired t-test

data:  x1 and x2
t = -3.773, df = 4, p-value = 0.01955
alternative hypothesis: true difference in means is not equal to 0
95 percent confidence interval:
 -3.8189318 -0.5810682
sample estimates:
mean of the differences
                   -2.2
```

t 値とその自由度，p 値，95% 信頼区間（下限と上限），および 2 つの標本平均の差が出力される。この場合，$p = 0.01955$ で 0.025 より小さいので，5% の有意水準，両側検定で有意差あり。

関数 t.test においては，両側検定，対応がない場合がデフォルトとして扱われているが，メニューバーの help より t.test を指定すれば，t 検定の他の使用法が説明されている。

4　Rで1要因分散分析

1　F分布

正規分布に従う2つの母集団，$N(\mu_1, \sigma^2{}_1)$，$N(\mu_2, \sigma^2{}_2)$ から大きさ n_1，n_2 の標本を抽出し，標本平均を $\bar{x}_1$，$\bar{x}_2$，標本分散を $s^2{}_1$，$s^2{}_2$ とし，

$$y_3 = n_1 s^2{}_1/\sigma^2{}_1 \tag{4-1}$$

$$y_4 = n_2 s^2{}_2/\sigma^2{}_2 \tag{4-2}$$

$$F = \frac{y_3/(n_1-1)}{y_4/(n_2-1)} \tag{4-3}$$

とするとき，y_3，y_4 は，それぞれ自由度 n_1-1，n_2-1 の χ^2 分布に従い，F は自由度 $df_1 = n_1 - 1$，$df_2 = n_2 - 1$ の F 分布に従う。F 分布は2つの自由度によって表され，df_1 は分子，df_2 は分母の自由度である（図 4-1 参照）。

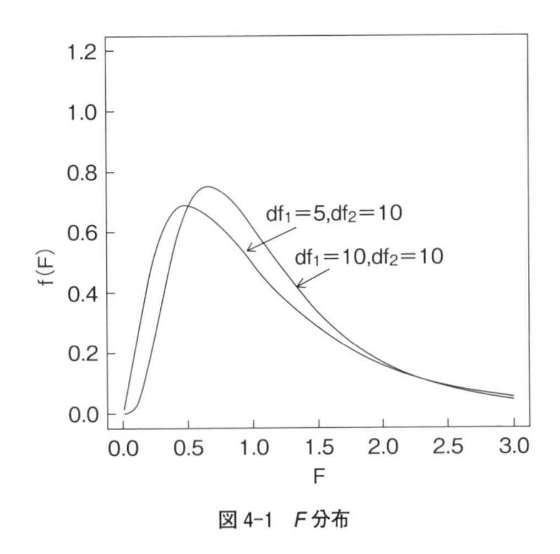

図 4-1　F 分布

F 分布の確率密度関数は，

$$f(F) = \frac{1}{B(df_1/2,\ df_2/2)}(df_1/df_2)^{df_1/2}(df_1 F/df_2+1)^{-(df_1+df_2)/2}F^{df_1/2-1} \tag{4-4}$$

である。ただし，B はベータ分布を表す。この F 分布を利用して，2つ以上の母平均の差の検定を行うのが分散分析（analysis of variance）である。t 検定の場合は，2つの母平均の差の検定は可能であるが，3つ以上の母平均の差の検定を行うことはできない。それを可能にするのが分

散分析である。いま，1つの正規母集団 $N(\mu, \sigma^2)$ から，3つの標本を抽出したとしよう。標本の大きさは，すべて等しく n で，標本平均，標本分散，不偏分散は，順に，$\overline{x}_1$，$\overline{x}_2$，$\overline{x}_3$，$s^2{}_1$，$s^2{}_2$，$s^2{}_3$，$u^2{}_1$，$u^2{}_2$，$u^2{}_3$ とする。このとき，母分散を推定するには，2通りの方法が存在する。1つは，標本の誤差分散をもとにして推定する方法，すなわち，$u^2{}_1$，$u^2{}_2$，$u^2{}_3$ をもとにして推定する方法，もう1つは，標本平均の誤差分散をもとにして推定する方法である。中心極限定理より，標本平均の分散は，σ^2/n に等しいので，これを用いて母分散を推定することが可能になる。3つの標本が同じ母集団から抽出されている限り，これらの2つの方法によって推定された不偏分散の比は，F 分布に従うことになる。分散分析では，標本内の分散を級内分散，標本間の分散を級間分散と呼ぶ。もしも3つの標本のうち，少なくとも1つの標本が異なる母集団から抽出された（対立仮説）とすると，すべての標本が同じ母集団から抽出された場合（帰無仮説）と比較して，F 値は平均から誤差範囲を超えてずれることになる。この性質を利用して，母平均の間に統計的な違いがあるかどうかを検定するのである。

2　母分散の同質性の検定

少なくとも1つの母平均が異なると，F 値は誤差範囲を超えてずれることになるが，母平均が同じであっても，少なくとも1つの母集団の母分散が異なるような場合でも，F 値は誤差範囲を超えてずれることになる。そこで，分散分析では，まず，母分散が等しいかどうかの検定を母平均の差の検定に先だって行う。これを母分散の同質性の検定と呼ぶ。不偏推定値 $u^2{}_1$，$u^2{}_2$，$u^2{}_3$ の中で最も大きい値と最も小さい値の比を計算し，それをもとにして母分散が異なるかどうか検定するのである。今，$u^2{}_1 > u^2{}_2 > u^2{}_3$ としよう。

帰無仮説 H_0：$\sigma^2{}_1 = \sigma^2{}_2 = \sigma^2{}_3$ のとき，

$$F = \frac{u^2{}_1}{u^2{}_3} \tag{4-5}$$

は，自由度 $df_1 = n_1 - 1$，$df_2 = n_2 - 1$ の F 分布に従う。もしも $F > F_C$ ならば，帰無仮説を棄却し対立仮説を採択する。もしも $F<F_C$ ならば帰無仮説を採択する（F_C とは F の臨界値である）。帰無仮説が採択されると，母分散が等しいことが統計的に支持されるので，続けて母平均の差の検定を行うことになる。もしも帰無仮説が棄却されると，分散分析は使用できないので他の方法（たとえば，水準間に対応がない場合は，クラスカル・ウォリス検定（Kruskal-Wallis test），対応がある場合は，Friedman 検定（Friedman test））を使用することになる。ただし，分散分析は母集団が正規分布に従わなくともそれほど影響はなく，そして，母分散の同質性に関しても頑健で，不偏分散の比がかなり大きくても分散分析には問題がないといわれている。

R 言語では，関数 bartlett.test が分散の同質性を検定する関数として準備されている。引数は，データベクトルを表す x，各データが属する水準（条件）を表す g である。

表 4-1 のデータを使用して分散の同質性の検定を行うと，以下のようになる。

```
> x<- c(9, 9, 7, 8, 8, 7, 6, 5, 6, 5, 8, 7, 6, 4, 5, 7, 6, 7, 5, 8, 6,
7, 6, 5, 7, 6, 5, 3, 4, 5)
> g<- c(1, 1, 1, 1, 1, 1, 1, 1, 1, 1, 2, 2, 2, 2, 2, 2, 2, 2, 2, 2, 3,
3, 3, 3, 3, 3, 3, 3, 3, 3)
```

```
> bartlett.test(x, g)
```

---------- 出力 ----------

```
        Bartlett test of homogeneity of variances

data:  x and g
Bartlett's K-squared=0.24274, df=2, p-value=0.8857
```

p 値が 0.05 より大きいので，5％の有意水準で各水準の母分散に有意差はないことになる。

3　対応のない1要因分散分析

1）対応のない1要因分散分析の考え方

分散分析は，F 分布を用いて2つ以上の母平均の差の検定を行う方法で，要因数により1要因分散分析，2要因分散分析，3要因分散分析…のように分類される。そして，各要因は，2つ以上の水準によって細分される。そして，各水準ごとに異なった被験者が割り当てられる対応のない分散分析，各水準に同じ被験者が割り当てられる対応のある分散分析に分けられる。まず，対応のない1要因分散分析について考えてみよう。

対応のない1要因分散分析の全変動は，$\sum_{i=1}^{n}\sum_{j=1}^{m_a}(x_{ij}-\bar{x}_{..})^2$ によって表される。そして，全変動は，

$$
\begin{aligned}
\sum_{i=1}^{n}\sum_{j=1}^{m_a}(x_{ij}-\bar{x}_{..})^2 &= \sum_{i=1}^{n}\sum_{j=1}^{m_a}\{(x_{ij}-\bar{x}_{.j})+(\bar{x}_{.j}-\bar{x}_{..})\}^2 \\
&= \sum_{i=1}^{n}\sum_{j=1}^{m_a}(x_{ij}-\bar{x}_{.j})^2 + n\sum_{j=1}^{m_a}(\bar{x}_{.j}-\bar{x}_{..})^2 \\
&= \text{級内変動} + \text{級間変動} \qquad (4\text{-}6)
\end{aligned}
$$

と表すことができる。すなわち，全変動は，級内変動と級間変動の和として表すことができるのである。図3-1は，対応のない1要因分散分析の場合の全変動の構成を表す。全変動は，級間変動（主効果A）と級内変動（誤差）とに分解されるだけでなく，全変動の自由度も主効果の自由度と誤差の自由度に分解される。

対応のない1要因分散分析の例として，英語を教えるのに，日本の教員がよいか，ネイティブ

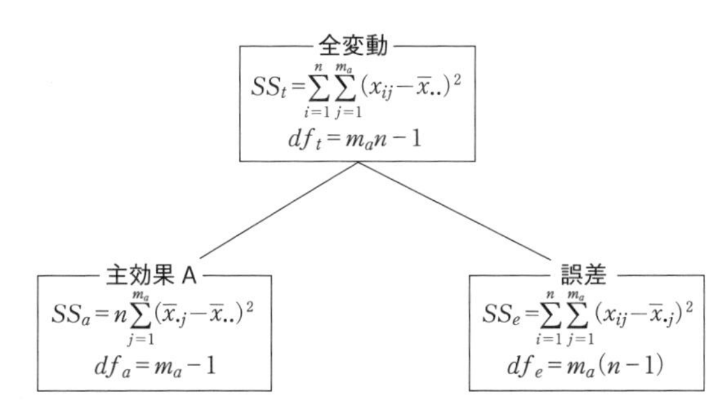

全変動
$SS_t=\sum_{i=1}^{n}\sum_{j=1}^{m_a}(x_{ij}-\bar{x}_{..})^2$
$df_t=m_a n-1$
主効果A
$SS_a=n\sum_{j=1}^{m_a}(\bar{x}_{.j}-\bar{x}_{..})^2$
$df_a=m_a-1$
誤差
$SS_e=\sum_{i=1}^{n}\sum_{j=1}^{m_a}(x_{ij}-\bar{x}_{.j})^2$
$df_e=m_a(n-1)$

図3-1　対応のない1要因分散分析の場合の全変動の構成

表 4-1　3つの教授法のもとでの英語のテスト得点

要因 A		A₁（日本人とネイティブ）	A₂（日本人）	A₃（ネイティブ）
被験者	1	9	8	6
	2	9	7	7
	3	7	6	6
	4	8	4	5
	5	8	5	7
	6	7	7	6
	7	6	6	5
	8	5	7	3
	9	6	5	4
	10	5	8	5
	$\overline{x}_{.j}$	7.0	6.3	5.4
	$\overline{x}_{..}$	6.233333		

の教員がよいか，あるいは，日本人とネイティブのペアで教えるのがよいかを比較することを考えよう。30人の日本人大学生をランダムに選び，それを3つのグループにランダムに振り分ける。そして，グループ1は，日本人とネイティブの教員がペアで教え，グループ2は，日本人の教員が教え，グループ3は，ネイティブの教員が同じ内容を教える。そして，1か月後に英語の試験を行い，表4-1に示す結果を得たとする。

平均値は，順に $\overline{x}_{.1} = 7.0$，$\overline{x}_{.2} = 6.3$，$\overline{x}_{.3} = 5.4$ である。標本平均においては違いがみられるが，母平均（μ_1，μ_2，μ_3）において違いがあるかを以下に示す手順で検定する。

① 帰無仮説 H_0 を立てる。
② 対立仮説 H_1 を立てる。
③ 有意水準を決める。
④ F 値を計算する。
　F ＝級間不偏分散/級内不偏分散＝ $u^2{}_b/u^2{}_w$
⑤ P 値を計算する。
⑥ 結論を出す。
　$P < 0.05$ ならば，帰無仮説を棄却し，対立仮説を採択する。
　$P \geqq 0.05$ ならば，帰無仮説を採択する。

帰無仮説 $H_0 : \mu_1 = \mu_2 = \mu_3$ のもとで，

$$F = \frac{(MS_a)}{(MS_e)} = \frac{\text{級間不偏分散}}{\text{級内不偏分散}} \tag{4-7}$$

を計算する。教授法 j における被験者 i の得点を x_{ij} とすると，

$$F = \frac{n\sum_{j=1}^{m_a}(\overline{x}_{.j} - \overline{x}_{..})^2/(m_a - 1)}{\sum_{i=1}^{n}\sum_{j=1}^{m_a}(x_{ij} - \overline{x}_{.j})^2/(m_a(n-1))} \tag{4-8}$$

となる。ただし，m_a は水準数，$\overline{x}_{..}$ は，全体の平均である。分子の自由度は $df_a = m_a - 1$，分母

表4-2　対応のない1要因分散分析の分散分析表

変動因	平方和（SS）	自由度（df）	不偏分散（MS）	F	P
級間変動（主効果A）	SS_a	df_a	MS_a	F_a	P_a
級内変動（誤差）	SS_e	df_e	MS_e		
全変動	SS_t	df_t			

の自由度は $df_e = m_a(n-1)$ である。分散分析においては，表4-2に示すような分散分析表を作成する。表4-2は，対応のない1要因分散分析の分散分析表である。
ただし，

$$SS_t = \sum_{i=1}^{n} \sum_{j=1}^{m_a} (x_{ij} - \bar{x}_{..})^2$$
$$SS_a = n \sum_{j=1}^{m_a} (\bar{x}_{.j} - \bar{x}_{..})^2 \tag{4-9}$$
$$SS_e = \sum_{i=1}^{n} \sum_{j=1}^{m_a} (x_{ij} - \bar{x}_{.j})^2$$

$$df_t = m_a n - 1$$
$$df_a = m_a - 1 \tag{4-10}$$
$$df_e = m_a(n-1)$$

$$MS_a = SS_a/df_a$$
$$MS_e = SS_e/df_e \tag{4-11}$$

$$F_a = MS_a/MS_e \tag{4-12}$$

である。そして，P_a は $F = F_a$ の時の上側確率（確率値）である。

実際に表4-1のデータを分析すると表4-3を得る。表4-3からわかるように，**級間変動**の平方和（12.86667）と**級内変動**の平方和（50.5）の和は，**全変動**の平方和（63.36667）に等しい。同様に，級間変動の自由度（$df_a = 2$）と級内変動の自由度（$df_e = 27$）の和は，全変動の自由度 $df_t = (29)$ に等しい。

分散分析では，級間不偏分散を分子においているので，
$\frac{\text{級間不偏分散}}{\text{級内不偏分散}} = \frac{\text{誤差分散＋主効果の分数}}{\text{誤差分散}} > 1$ となるので片側検定の扱いに相当する。よって，臨界値を使用する場合は，5％の有意水準においては，臨界値は $F_{.975}$ ではなく，$F_{.95}$ の値を使用する。5％の有意水準の場合であれば，臨界値は $F_c = F_{.95}[df_1, df_2]$ となる。$F > F_{.95}[2, 27] = 3.354131$ であるので，5％の有意水準で帰無仮説は棄却される。確率値 P を使用する場合は，臨界値 $P_c = 0.05$ となる。$P_a = 0.04669947$ は，P_c より小さいので帰無仮説を棄却する。帰無仮説が棄却されるということは，3つの母平均のうち少なくとも1つが他の母平均とは異なるという

表4-3　表4-1に基づく対応のない1要因分散分析の分散分析表

変動因	平方和（SS）	自由度（df）	不偏分散（MS）	F	P
主効果A	12.87	2	6.433	3.44	0.0467
誤差	50.50	27	1.870		
全変動	63.37	29			

ことを意味している。いずれの母平均が他の母平均と異なるかを調べるためには，後述する**多重比較**（multiple comparison）を行うことになる。

2) Rで対応のない1要因分散分析を行う

R言語では，関数aovが分散分析の関数として準備されているので，aov（data ~ fc）を使用して表4-1のデータをもとに対応のない1要因分散分析を行う。関数aovの引数は，data，fcで，引数dataにはデータがベクトル形式で定義されている。引数fcは水準（条件）を表し，水準の違いを数字カテゴリーで区別する。summary(aov(data ~ fc1))で分散分析表が出力される。関数aovにおいては各水準に属するデータ数は，すべて等しいとする。

$$H_0 : \mu_1 = \mu_2 = \mu_3$$
$$H_1 : \mu_1 \neq \mu_2 \neq \mu_3$$
$$\alpha = 0.05$$

以下のようにして，関数aovを使用して対応のない1要因分散分析を行う。水準は3種類あるので，1から3の値をとる。オブジェクトfc1は，cond1に定義されている数値をカテゴリーに変換したもの（数字カテゴリーと呼ぶことにする）である。以下に示す出力と表4-3を比較することによって，以下の出力が分散分析表のどの数値に対応するかがわかる。なお，表4-3の結果は，筆者が上述した式をもとに直接計算した結果（渡辺，2010）である。以下のaovの結果と表4-3の結果が一致することより，関数aovによる計算が正しいことが立証されることになる。

```
data <- c(9, 9, 7, 8, 8, 7, 6, 5, 6, 5, 8, 7, 6, 4, 5, 7, 6, 7, 5, 8,
6, 7, 6, 5, 7, 6, 5, 3, 4, 5)
cond1 <- c(1, 1, 1, 1, 1, 1, 1, 1, 1, 1, 2, 2, 2, 2, 2, 2, 2, 2, 2, 2,
3, 3, 3, 3, 3, 3, 3, 3, 3, 3)
fc1 <- factor(cond1)
 summary(aov(data ~ fc1))
```

--------- 出力 ---

```
             Df Sum Sq Mean Sq F value Pr(>F)
fc1           2  12.87   6.433   3.44   0.0467 *
Residuals    27  50.50   1.870
---
Signif. codes:  0 '***' 0.001 '**' 0.01 '*' 0.05 '.' 0.1 ' ' 1
```

出力中のDf, Sum Sq, Mean Sq, F value, Pr(> F)は，順に自由度，平方和，不偏分散，F値，P値を表す。$F = 3.44$，$P = 0.0467$であるので，5％有意水準で有意となる。

4 対応のある1要因分散分析

1) 対応のある1要因分散分析の考え方

対応のある1要因分散分析においては，すべての水準に同じ被験者が割り当てられる。表 4-1 の場合であれば，10 人の被験者がすべての教授法のもとで英語を学ぶことになる。このような場合，既に終了した教授法による学習が次の教授法における学習に影響を与えてしまうので，そのような要因を考慮に入れて分析を行わなければならない。対応のある1要因分散分析においては，全変動が，被験者間変動と被験者内変動の和として表される。そして，被験者内変動が処理間変動と被験者内誤差変動の和として表される。すなわち，

$$
\begin{aligned}
\text{全変動}\ (SS_t) &= \text{被験者間誤差変動}\ (SS_{e.between}) + \text{被験者内変動}\ (SS_{within}) \\
&= \text{被験者間誤差変動}\ (SS_{e.between}) + \\
&\quad \{(\text{処理間変動}\ (SS_a) + \text{被験者内誤差変動}\ (SS_{e.a})\} \qquad (4\text{-}13)
\end{aligned}
$$

である。

全変動を $\sum_{i=1}^{n}\sum_{j=1}^{m_a}(x_{ij}-\overline{x}_{..})^2$ とすると，

$$
\begin{aligned}
\sum_{i=1}^{n}\sum_{j=1}^{m_a}(x_{ij}-\overline{x}_{..})^2 &= m_a\sum_{i=1}^{n}(\overline{x}_{i.}-\overline{x}_{..})^2 + n\sum_{j=1}^{m_a}(\overline{x}_{.j}-\overline{x}_{..})^2 \\
&\quad + \sum_{i=1}^{n}\sum_{j=1}^{m_a}\{(x_{ij}-\overline{x}_{..})-(\overline{x}_{i.}-\overline{x}_{..})-(\overline{x}_{.j}-\overline{x}_{..})\}^2 \\
&= m_a\sum_{i=1}^{n}(\overline{x}_{i.}-\overline{x}_{..})^2 + n\sum_{j=1}^{m_a}(\overline{x}_{.j}-\overline{x}_{..})^2 \\
&\quad + \sum_{i=1}^{n}\sum_{j=1}^{m_a}(x_{ij}-\overline{x}_{i.}-\overline{x}_{.j}+\overline{x}_{..})^2 \qquad (4\text{-}14)
\end{aligned}
$$

そして，処理間変動（SS_a）と被験者内誤差変動（$SS_{e.a}$）をもとにして，

$$
F = \frac{n\sum_{j=1}^{m_a}(\overline{x}_{.j}-\overline{x}_{..})^2/(m_a-1)}{\sum_{i=1}^{n}\sum_{j=1}^{m_a}(x_{ij}-\overline{x}_{i.}-\overline{x}_{.j}+\overline{x}_{..})^2/\{(n-1)(m_a-1)\}} \qquad (4\text{-}15)
$$

が自由度 $df_1 = m_a - 1$，$df_2 = (n-1)(m_a-1)$ の F 分布に従うことを利用して分散分析を行うのである。

図 4-3 は，対応のある場合の1要因分散分析の全変動の構成を表す。図 4-2 の対応のない場合の1要因分散分析の全変動と比較すると，対応のある場合の1要因分散分析の全変動は，主効果（級間変動）と誤差（級内変動）に分解されるのではなく，被験者内変動が主効果と誤差に分解されるのである。

表 4-4 は，対応のある1要因分散分析表である。F 値は，被験者内変動の中の処理間変動と被験者内誤差変動をもとに計算されている。表 4-1 を 10 人の被験者が3つの教授法に参加したものとみなして対応のある1要因分散分析を行うと，表 4-5 を得る。表 4-3 と表 4-5 を比較してわかるように，同じデータでも1要因分散分析のモデルが異なると，最終的な F 値は異なるのであ

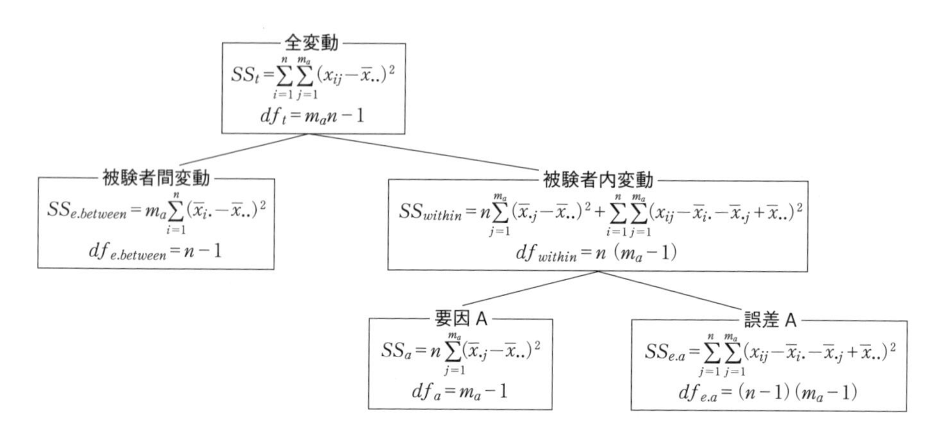

図 4-3　対応のある 1 要因分散分析の場合の全変動の構成

る。要因間の変動に基づく不偏分散値は同じであるが，誤差に基づく不偏分散値が異なるのでそれが最終的な F 値に影響を与えるのである。表 4-5 の被験者間誤差変動（$SS_{e.between}$）と被験者内誤差変動（$SS_{e.a}$）を足したものが表 4-3 の被験者内変動（SS_e）に等しいことからわかるように，対応のある 1 要因分散分析では，対応のない 1 要因分散分析の誤差変動（SS_e）から被験者間誤差変動（$SS_{e.between}$）を取り除いた被験者内誤差変動（$SS_{e.a}$）をもとにして主効果（SS_a）を検定するのである。

表 4-4　対応のある 1 要因分散分析の分散分析表

変動因	平方和（SS）	自由度（df）	不偏分散（MS）	F	P
被験者間誤差変動	$SS_{e.between}$	$df_{e.between}$			
被験者内変動	SS_{within}	df_{within}			
処理間変動（要因 A）	SS_a	df_a	MS_a	F_a	P_a
被験者内誤差変動（誤差 A）	$SS_{e.a}$	$df_{e.a}$	$MS_{e.a}$		
全変動	SS_t	df_t			

$$SS_{e.between} = m_a \sum_{i=1}^{n} (\bar{x}_{i.} - \bar{x}_{..})^2$$

$$SS_{within} = n \sum_{j=1}^{m_a} (\bar{x}_{.j} - \bar{x}_{..})^2 + \sum_{i=1}^{n} \sum_{j=1}^{m_a} (x_{ij} - \bar{x}_{i.} - \bar{x}_{.j} + \bar{x}_{..})^2$$

$$SS_{\mathrm{a}} = n \sum_{j=1}^{m_a} (\bar{x}_{.j} - \bar{x}_{..})^2$$

$$SS_{\mathrm{e.a}} = \sum_{i=1}^{n} \sum_{j=1}^{m_a} (x_{ij} - \bar{x}_{i.} - \bar{x}_{.j} + \bar{x}_{..})^2 \qquad (4\text{-}16)$$

$$df_{e.between} = n - 1$$
$$df_{within} = n(m_a - 1)$$
$$df_a = m_a - 1$$
$$df_{e.a} = (n - 1)(m_a - 1) \qquad (4\text{-}17)$$

$$MS_a = SS_a / df_a$$
$$MS_{e.a} = SS_{e.a} / df_{e.a} \qquad (4\text{-}18)$$

$$F_a = MS_a / MS_{e.a} \qquad (4\text{-}19)$$

表 4-5　表 4-1 をもとにした対応のある 1 要因分散分析表

変動因	平方和（SS）	自由度（df）	不偏分散（MS）	F	P
被験者間誤差変動	24.70	9			
被験者内変動	38.67	20			
要因 A	12.87	2	6.433	4.488	0.0262
誤差	25.80	18	1.433		
全変動	63.37	29			

$P_a < 0.05$ より，帰無仮説を棄却する。F_c を用いる場合は，対応のある 1 要因分散分析における臨界値（$F_c = F_{.95}[2, 18]$）は，対応のない場合の臨界値（$F_c = F_{.95}[2, 27]$）と異なる。よって，棄却の基準も異なることに注意しなければならない。

2) R で対応のある 1 要因分散分析を行う

対応のある 1 要因分散分析は，R では関数 aov(data ~ fc1 ＋ fs) によって実行される。引数 data は，データをベクトル形式で定義したもの，引数 fc1 は，水準を数字カテゴリーで表したもの，引数 fs は，被験者を数字で表したものである。同じ被験者がすべての条件に割り当てられるので，それを変数（fs）として取り入れる。以下の計算では，各被験者に 1 から 10 までの数字カテゴリーを割り当てることによって，各被験者がどの水準に割り当てられているかがわかる。数字が同じであれば，同一の被験者であることを意味する。

```
data <- c(9, 9, 7, 8, 8, 7, 6, 5, 6, 5, 8, 7, 6, 4, 5, 7, 6, 7, 5, 8,
6, 7, 6, 5, 7, 6, 5, 3, 4, 5)
 cond1 <- c(1, 1, 1, 1, 1, 1, 1, 1, 1, 1, 2, 2, 2, 2, 2, 2, 2, 2, 2,
 2, 3, 3, 3, 3, 3, 3, 3, 3, 3, 3)
 fc1 <- factor(cond1)
 sub <- c(1, 2, 3, 4, 5, 6, 7, 8, 9, 10, 1, 2, 3, 4, 5, 6, 7, 8, 9,
 10, 1, 2, 3, 4, 5, 6, 7, 8, 9, 10)
> # 上の sub は, sub<-rep(1:10, 3) と同じである。
fs <- (factor(sub))
summary(aov(data ~ fc1+fs))
```

------- 出力 -------

```
             Df Sum Sq Mean Sq F value Pr(>F)
fc1           2  12.87   6.433   4.488 0.0262 *
fs            9  24.70   2.744   1.915 0.1151
Residuals    18  25.80   1.433
---
Signif. codes:  0 '***' 0.001 '**' 0.01 '*' 0.05 '.' 0.1
```

5　標本の大きさが異なる場合の1要因分散分析

表4-6に標本の大きさが異なる場合の1要因分散分析のデータを示す。各水準における標本の大きさnが異なるとき，水準jにおける標本の大きさをn_jとすると，
全変動は，

$$\sum_{i=1}^{n_j}\sum_{j=1}^{m_a}(x_{ij}-\overline{x}_{..})^2=\sum_{i=1}^{n_j}\sum_{j=1}^{m_a}\{(x_{ij}-\overline{x}_{.j})+(\overline{x}_{.j}-\overline{x}_{..})\}^2$$
$$=\sum_{i=1}^{n_j}\sum_{j=1}^{m_a}(x_{ij}-\overline{x}_{.j})^2+\sum_{j=1}^{m_a}n_j(\overline{x}_{.j}-\overline{x}_{..})^2$$
$$=\text{級内変動}+\text{級間変動} \tag{4-20}$$

となる。そして，F値は，

$$F=\frac{SS_a/df_a}{SS_e/df_e}=\frac{\sum_{j=1}^{m_a}n_j(\overline{x}_{.j}-\overline{x}_{..})^2/(m_a-1)}{\sum_{i=1}^{n_j}\sum_{j=1}^{m_a}(x_{ij}-\overline{x}_{.j})^2/(\sum_{j=1}^{m_a}n_j-m_a)} \tag{4-21}$$

となる。

表4-6のデータをもとに分散分析を行うと，表4-7の分散分析表を得る。

Rには，標本の大きさが異なる1要因分散分析用のシステム関数が準備されていないので，以下に示す関数anova_difを使用する。引数は，ベクトルデータを示すxと各データが属する水準を表すgである。欠損値として，-1を使用しているので，データの中に-1が存在するときは，欠損値を-1以外に変更する必要がある。関数anova_difの1行目のaが欠損値を定義している

表4-6　3つの教授法のもとでの英語のテスト得点（標本の大きさが異なる場合）

要因A		A_1（日本人とネイティブ）	A_2（日本人）	A_3（ネイティブ）
被験者	1	9	8	5
	2	9	7	6
	3	7	6	5
	4	8	4	4
	5	8	5	6
	6	7	7	5
	7	6	6	4
	8	5	7	
	9	6		
	10	5		
	$\overline{x}_{.j}$	7.0	6.25	5.0
	$\overline{x}_{..}$		6.26	

表4-7　標本の大きさが異なる場合の対応のない1要因分散分析の分散分析表

変動因	平方和（SS）	自由度（df）	不偏分散（MS）	F	P
要因A	16.5	2	8.25	5.112676	0.01501326
誤差	35.5	22	1.613636		
全変動	52	24			

ので，a を −1 以外の値で，かつ，データとして存在しない値に再定義する。

-----------------anova_dif---

```
anova_dif <- function(x, g){
a <- -1
nc <- length(unique(g))
nr <- max(table(g))
x <- matrix(a, nrow=nr, ncol=nc)
for(j in 1:nc)x[1:length(g[g==j]), j]<-x1[g==j]
m <- ncol(x)
mx <- rep(0, m);nj <- rep(0, m)
for (j in 1:m){
xj <- x[, j]
nj[j] <- length(xj[xj!=a])            #各水準の標本の大きさの計算
mx[j] <- mean(xj[xj!=a])              #各水準の平均の計算
}
gmx <- sum(mx*nj)/sum(nj)             #全平均の計算
SSb <- sum((mx-gmx)^2*nj)             #級間変動の計算
SSt <- sum((c(x)[c(x)!=a]-gmx)^2)    #全変動の計算
SSe <- SSt-SSb                        #誤差変動の計算
dfb <- m-1
dfe <- sum(nj)-m
MSb <- SSb/dfb
MSe <- SSe/dfe
F1 <- MSb/MSe
P1 <- 1-pf(F1, dfb, dfe)
print(cbind(gmx))                     #全平均の出力
print(cbind(mx, nj))                  #各水準の平均値および標本の大きさの出力
print(cbind(SSb, dfb, MSb, F1, P1))
print(cbind(SSe, dfe, MSe))
print(cbind(SSt))
}
```

以下に使用例を示す。

```
> x1 <- c(9, 9, 7, 8, 8, 7, 6, 5, 6, 5, 8, 7, 6, 4, 5, 7, 6, 7, 5, 6,
         5, 4, 6, 5, 4)
> g1 <- c(1, 1, 1, 1, 1, 1, 1, 1, 1, 1, 2, 2, 2, 2, 2, 2, 2, 2, 3, 3,
         3, 3, 3, 3, 3)
> anova_dif(x1, g1)
```

---- 出力 ----

```
        gmx
[1,]    6.2
        mx     nj
[1,]    7.00   10
[2,]    6.25    8
[3,]    5.00    7
        SSb    dfb MSb       F1         P1
[1,]    16.5    2  8.25   5.112676  0.01501326
        SSe    dfe MSe
[1,]    35.5   22  1.613636
        SSt
[1,]    52
```

6　Rで多重比較

1）多重比較の考え方

分散分析では，３つ以上の母平均の間の比較において有意差があるとき，いずれの母平均の対に有意差があるかはわからない。そこで，いずれの母平均の対に有意差があるかを調べるのが多重比較である。多重比較には，Tukey の HSD 検定，Bonferroni の方法，Ryan の方法などさまざまな方法がある。そして，それらには，①母集団が正規分布かどうか，②分散が同質かどうか，③比較する平均値間に対応があるかどうか，④名義水準が変化するかどうか，⑤すべての群平均の比較が対象かどうか，⑥標本の大きさが等しいかどうかなどのさまざまな制約がある。多重比較を行う際は，これらの制約を考慮することになる。

１）正規性の検定

まず，母集団の正規性をどのように調べるかという問題が生じる。通常母集団は未知であるので，正規性の有無を調べることは難しい。データ数がある程度あれば，それをもとに正規性の検定を行うことができるが，そうでない場合は，少なくとも明らかに正規性を外れるような場合はさけるべきであろう。正規性が満たされない場合は，ノンパラメトリック法を用いて，多重比較を行うことになる。ノンパラメトリック法の場合，母集団は正規分布に従う必要はないが，比較するすべての分布は同一であることが必要である。そして，大標本を用いた近似法であるので，標本の大きさ（n）は，$n > 10$ を必要とする。基本的には外れ値がある場合や順序尺度のレベルのデータにノンパラメトリック法を使用する。パラメトリック法としては，Tukey の HSD 検定，Bonferroni の方法，Ryan の方法などがあり，ノンパラメトリック法としては，Steel-Dwass の方法，Dunn の方法，Shirley-Williams の方法がある。Bonferroni の方法も使用可能である。Bonferroni の方法は，すべての対比較を対象としているが，それ以外は，対照群（統制群）と実験群間だけを比較の対象とした多重比較である。

２）母分散の同質性

母集団の正規性に問題がなければ，次のステップは，母分散の同質性の有無を調べる。これには，Bartlett 検定，Levine 検定がある。母分散の同質性が満たされないときは，Games-Howell

の方法，Dunnet-C 法などを使用する。

3）対応の有無

対比較の対象となっている群間平均に対応があるかどうかによって，多重比較の方法は異なる。たとえば，Tukey の HSD 検定は，対応がない場合の方法で，対応がある場合には使用できない。

4）有意水準 $\alpha = 0.05$ を使用して有意差が出た場合，その結論は，5％の確率で誤っている可能性がある（第1種のエラー）。よって，平均値の比較を何度も行う多重比較の場合には，第1種のエラーが増加する可能性が生じる。そこで，比較する平均対の数によって，有意水準を下げるわけである。このようにして得られた有意水準を名義的有意水準（α'）と呼ぶ。多重比較においてこの名義的有意水準をすべての対比較において同じにするか，対比較ごとに変えるかどうかによって，多重比較の方法は異なる。たとえば，すべての平均対を同時に比較する Tukey の HSD 検定では，すべての平均対の比較を通して，同じ名義的有意水準を使用する。同時に比較する方法をステップシングルと呼ぶ。これに対して Ryan の方法のように，平均差の大きい順に逐次的に比較する方法をステップダウンと呼ぶ。

5）すべての群平均の比較が対象かどうかは，すべての群間平均の比較を念頭に考えている場合，対照群と実験群の比較のように特定の群間の比較のみを考えている場合に分かれる。前者には，Tukey の HSD 検定，Bonferroni の方法，Ryan の方法などが属し，後者には Dunnett の方法，Williams の方法，Shirley-Williams の方法，Steel の方法などが属する。これらを表にまとめると以下のようになる。

表 4-8　多重比較の分類（パラメトリック法（すべての群間平均が比較対象））

		対応なし	対応あり
等分散	ステップシングル	HSD, Bonferroni, Holm	Bonferroni, Holm
	ステップダウン	WSD, Ryan, Williams	Ryan
非等分散	ステップシングル	Bonferroni, Holm Games-Howell, Dunnet-C	Bonferroni, Holm
	ステップダウン		

表 4-9　多重比較の分類（ノンパラメトリック法）

	対応なし	対応あり
ステップシングル	Steel-Dwass	
ステップダウン	Steel, Shirley-Williams	

以上示したように多重比較にはさまざまな方法があるが，ここでは，R 言語のなかでシステム関数としてすでに準備されている Tukey の HSD 検定と Bonferroni の方法，Holm の方法およびシステム関数として準備されていない Ryan の方法を説明する。

2）Tukey の HSD 検定

Tukey の HSD 検定（Tukey's honestly significant difference test; Tukey's q test; Tukey's *a* procedure）では，スチューデント化した範囲（q）を使用する。HSD 検定では，まず，標本平均を大きさの順に並べ，最も標本平均値の差の大きい平均対を選ぶ。それらを

$$d = \left| \bar{x}_{.j} - \bar{x}_{.k} \right|$$

$$HSD = q\sqrt{MS_{e.hsd}/n_{hsd}}$$
$$n_{hsd} = 2/(1/n_j + 1/n_k) \tag{4-25}$$

としたとき，

```
d>HSD
```

が成立すれば，その平均対は有意差があるとする。ただし，q は，自由度 $df = df_e$，総平均数 m_a の時の q 値，$MS_{e.hsd}$ は，分散分析の誤差変動に基づく不偏分散（MS_e）である。

R 言語では，関数 TukeyHSD が準備されている。以下に対応のない1要因分散分析に関する多重比較（HSD 検定）の例を示す。データは，表 4-1 のデータを使用する。まず，関数 bartlett.test を用いて，分散の同質性を検定する。

```
> bartlett.test(data ~ fc1)
```

```
        Bartlett test of homogeneity of variances

data:  data by fc1
Bartlett's K-squared = 0.24274, df = 2, p-value = 0.8857
```

$p > 0.05$ なので，5％の有意水準で分散の同質性が認められたので，Tukey の HSD 検定を行う。

```
> TukeyHSD(aov(data~fc1))
  Tukey multiple comparisons of means
    95% family-wise confidence level

Fit: aov(formula = data ~ fc1)

$fc1
        diff       lwr         upr         p adj
2-1     -0.7   -2.216451  0.81645141   0.4957759
3-1     -1.6   -3.116451 -0.08354859   0.0371031
3-2     -0.9   -2.416451  0.61645141   0.3200947
```

出力の $fc1 は要因1に関する出力を意味し，出力の最左端の 2-1 は，水準2と水準1の平均の差を多重比較の対象としていることを意味する。その結果は diff で表示され，対応する有意確率は，最右端に表示されている。p adj が 0.05 より小さければ，5％の有意水準で有意となる。対

応のない1要因分散分析に関する多重比較（TukeyHSD）の結果を意味する。他の出力 lwr，upr は，信頼区間の下限，上限を意味し，この区間内に0が含まれなければ有意差があることを意味する。TukeyHSD は，比較する2つの平均間に対応がないことを前提とする。対応がある場合は，次に示す Bonferroni の方法を使用する。Bonferroni の方法は，対応がない場合にも使用できる。

3）Bonferroni の方法

Bonferroni の方法では，まず，①比較する平均対の数 a を計算する。次に，②名義的有意水準（α'）を計算する。名義的有意水準は，実験全体の有意水準 α（分散分析で使用した有意水準）を下げることによって有意差が生じやすくなるのを防いでいる。水準数が m_a のとき，平均対は，m_a 個の中から2個取る組み合わせの数だけ存在する（$a = {}_{m_a}C_2$）。そこで，その数に応じて有意水準を下げて t 検定を行うのである。そのような有意水準を名義的有意水準（α'）と呼び，以下の式で計算される。

$$\alpha' = \alpha/a = \alpha/{}_{m_a}C_2$$

そして，③ t 検定をもとに各対の比較を行う。Bonferroni の方法では，すべての比較する対に同じ名義水準を使用する。よって，比較する平均対の数が多いと，名義的有意水準の値が小さくなり，帰無仮説を棄却しにくくなる可能性を有する。たとえば，5％の有意水準で，水準数が5つの場合であると，比較する平均対の数は10であり，この時 $\alpha' = 0.05/10 = 0.005$ になり，帰無仮説を棄却することが難しくなる。さらに，水準数が10個あると，比較する平均対は45となり，この時 $\alpha' = 0.05/45 = 0.001111111$ となり，さらに帰無仮説を棄却することが難しくなる。すなわち，第2種のエラーが増加する可能性が生じてくる。よって，Bonferroni の方法を使用する場合は，水準数が多くとも10以内であることがのぞましいのではないか。

以下に表4-1のデータを用いて，Bonferroni の方法のための関数 pairwise.t.test の実行例を示す。

```
> pairwise.t.test(data, fc1, p.adjust.method="bonferroni")

        Pairwise comparisons using t tests with pooled SD

data:  data and fc1

    1        2
2  0.787    -
3  0.043    0.458

P value adjustment method: bonferroni
```

出力の中の0.787は，水準1と2に関する多重比較に関する調整された P 値を意味する。同様に0.043は，水準1と3の間の多重比較に関する調整された P 値を意味する。これらの P 値が設定された有意水準より小さければ，有意差ありとする。名義的有意水準（α'）を計算すると，$\alpha' = \alpha/a = 0.05/3 = 0.01666667$ であるので，$p < 0.01666667$ であれば，5％の有意水準で有意差ありとなる。この場合は，いずれの平均対も有意差なしである。

paired = T を最後に付け加えれば，対応のある平均値の場合も多重比較が可能である。次に，対応がある場合の例を示す。

```
> pairwise.t.test(data, fc1, p.adjust.method="bonferroni", paired=T)

        Pairwise comparisons using paired t tests

data:  data and fc1

     1        2
2  0.9650     -
3  0.0016   0.4401

P value adjustment method: bonferroni
```

名義的有意水準 $\alpha' = 0.05/3 = 0.01666667$ であるので，水準1と水準3の平均値の対のみ有意差あり（$p = 0.0016$）となる。

4）Holmの方法

Holmの方法は，Bonferroniの方法を発展させたもので，確率値に対応して名義的有意水準が異なる方法である。今，検定する帰無仮説が a 個あるとする。各帰無仮説を，対応する P 値の小さい順に並べる。最小の P 値に対する名義的有意水準を $\alpha' = \alpha/a$ とする。これが有意になれば，次に小さい P 値に対する帰無仮説の検定を行う。そのときの名義的有意水準は $\alpha' = \alpha/(a-1)$ とする。そして，これが有意であれば，次に小さい P 値に対して同様の手続きを行う。そのたびに α' は大きくなってゆく（$\alpha' = \alpha/(a-2), \alpha' = \alpha/(a-3), \ldots$）。途中で有意差が生じないときには，検定をそこで終了する。

```
> pairwise.t.test(data, fc1, p.adjust.method="holm",)

        Pairwise comparisons using t tests with pooled SD

data:  data and fc1

   1       2
2  0.305   -
3  0.043   0.305

P value adjustment method: holm
```

5）Ryan の方法

Ryan の方法は，第一種のエラーの確率を下げることによって多重比較を行う方法である。そこで，有意水準を α とするとき，名義的有意水準を $\alpha' = 2\alpha/(k(m-1))$ とすることによって，2 つの平均対の有意差検定を以下に示す t 検定を用いて行う。ただし，k は平均の数，m は平均を大きさの順に並べたときの，比較する平均の間に存在する平均の数 +2 を表す。

$$t = \frac{\bar{x}_j - \bar{x}_k}{\sqrt{\mathrm{MS_e}\left(\frac{1}{n_j} + \frac{1}{n_k}\right)}},\ \mathrm{df} = \mathrm{df_e}$$

式中の $\bar{x}_j$，$\bar{x}_k$ は，比較する 2 つの標本平均，$\mathrm{MS_e}$ は分散分析における誤差の不偏分散，そのときの自由度 $\mathrm{df_e}$ が，t 検定の自由度 df となる。$\Pr(|t| > t_c) < \alpha'/2$ ならば，両側検定，有意水準 α において有意差あり。$\Pr(|t| > t_c) < \alpha'$ ならば，片側検定，有意水準 α において有意差あり。

以下に，Ryan の方法の関数 Ryan.test を示す。引数の mx は，多重比較の対象となっている全ての平均，MSe は，分散分析における誤差の不偏分散，dfe はその自由度，n は各平均の標本サイズを示す。ただし，関数内で両側検定（select = 2），有意水準 5 %（alfa = 0.05），に設定されているので，片側検定の場合は，select = 1 とし，有意水準を 1 %に変更するときは alfa = 0.01 に変更する。

```
Ryan.test<-function(mx, Mse, dfe, n){
select<-2
alfa<-0.05
ma<-length(mx)
sortmx<-sort(mx)
m1<-ma-1
write("'*' shows significant pairs", file="")
write(" mxj mxk  t  p  alfap sig", file=")
for(j in 1:m1){j1<-j+1; for(k in j1:ma){
dif<-sortmx[j]-sortmx[k]
h<-abs(j-k)+1
t<-abs(dif)/sqrt(MSe*((1/n)+(1/n)))
alfap<-2*alfa/(ma*(h-1))
p<-1-pt(t, dfe)
if(select==2)p<-2*p
if(p<alfap)
write(cbind(sortmx[j], sortmx[k], round(t, 3), round(p, 5),
round(alfap, 3), c("*")), ncolumns=6, file="", sep="¥t")
if(p>=alfap)write(cbind(sortmx[j], sortmx[k], round(t, 3), round(p,
5), round(alfap, 3)), file="", sep="¥t")
}}}
```

これを用いて，表 4-6 の分散分析の結果を多重比較すると，以下の出力を得る，

```
>mx<-c(7.0, 6.3, 5.4)
<Ryan.test(mx, 1.613636,22,10)
'*' shows significant pairs
mxj mxk    t       p       alfap  sig
5.4 6.3  1.584  0.12741   0.033
5.4  7   2.816  0.01005   0.017   *
6.3  7   1.232  0.23088   0.033
```

出力において，p < alfap ならば，両側検定５％の有意水準で有意差ありとなる。

5 Rで2要因分散分析

1 対応のない2要因分散分析

1) 対応のない2要因分散分析の考え方

2要因分散分析は，2つの要因からなる分散分析で，第1要因が教授法（ネイティブと日本人の教師がペアになって教える群（A_1)，日本人の教師が教える群（A_2)，ネイティブの教師が教える群（A_3)），第2要因が被験者の性別（男子（B_1)，女子（B_2)）のような場合である。たとえば，日本の大学生30名（男子15名，女子15名）から性別別にランダムに5名ずつ抽出し，第1要因の3つのグループ（A_1，A_3，A_3）に男子5名，女子5名を割り当てる。そして，3つの教授法で英語を教え，1か月後にテストをする。その結果，表5-1が得られたとする。6つのグループの標本平均は，8.2，5.8，6.0，6.6，6.2，4.6で違いがみられるが，母平均において違いがあるかどうかを要因別に統計的に調べるのが2要因分散分析である。また，2要因分散分析は，要因間の交互作用も分析する。交互作用がある場合は，2種類の交互作用が存在する。1つは相殺効

表5-1　3つの教授法のもとでの英語のテスト得点

要因A		A_1		A_2		A_3	
要因B		B_1	B_2	B_1	B_2	B_1	B_2
被験者	1	9	7	8	7	6	6
	2	9	6	7	6	7	5
	3	7	5	6	7	6	3
	4	8	6	4	5	5	4
	5	8	5	5	8	7	5
	$\overline{x}_{ij.}$	8.2	5.8	6.0	6.6	6.2	4.6
	$\overline{x}_{i..}$	7.0		6.3		5.4	
	$\overline{x}_{...}$	6.233333					

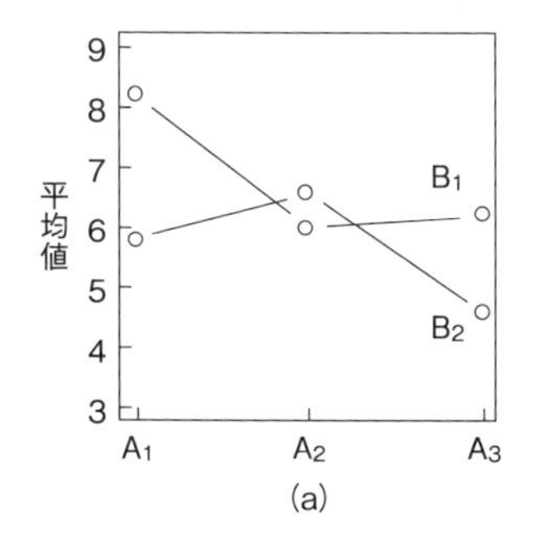

(a)

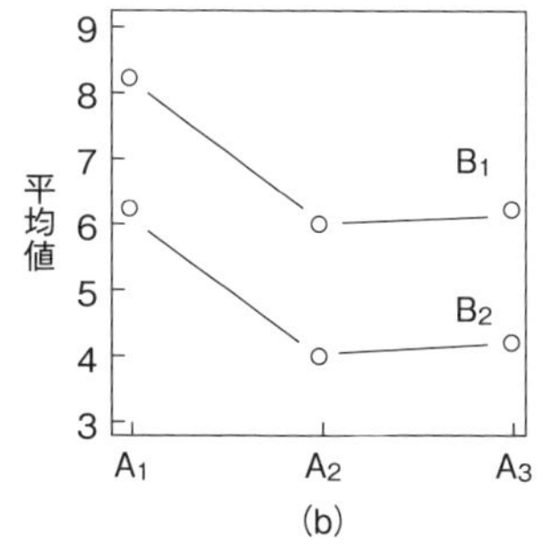

(b)

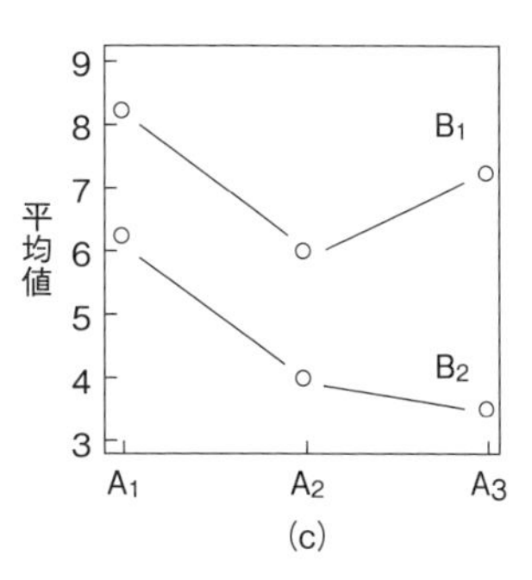

(c)

図5-1　交互作用について

果（図5-1a），もう1つは相乗効果（図5-1c）である。相殺効果は，互いの要因が抑制的に働いて，打ち消し合うので，2つの要因が組み合わさることで効果が減少する場合で，相乗効果は互いの要因が促進的に働き，2つの要因が組み合わさることで，効果が増加する場合である。これに対して交互作用がない場合（図5-1b）とは，互いの要因が影響を与えない場合で，一方の要因の各水準におけるもう一方の水準の効果が同じ場合である。

2要因において対応のない分散分析の全変動は以下のような数式で表される。

$$
\begin{aligned}
&\sum_{i=1}^{m_a}\sum_{j=1}^{m_b}\sum_{k=1}^{n}(x_{ijk}-\overline{x}_{...})^2 = \\
&\quad \sum_{i=1}^{m_a}\sum_{j=1}^{m_b}\sum_{k=1}^{n}\{(\overline{x}_{i..}-\overline{x}_{...})+(\overline{x}_{.j.}-\overline{x}_{...})+(\overline{x}_{ij.}-\overline{x}_{.j.}-\overline{x}_{i..}+\overline{x}_{...})+(x_{ijk}-\overline{x}_{ij.})\}^2 \\
&\quad = \sum_{i=1}^{m_a}\sum_{j=1}^{m_b}\sum_{k=1}^{n}(\overline{x}_{i..}-\overline{x}_{...})^2+\sum_{i=1}^{m_a}\sum_{j=1}^{m_b}\sum_{k=1}^{n}(\overline{x}_{.j.}-\overline{x}_{...})^2 \\
&\qquad +\sum_{i=1}^{m_a}\sum_{j=1}^{m_b}\sum_{k=1}^{n}(\overline{x}_{ij.}-\overline{x}_{.j.}-\overline{x}_{i..}+\overline{x}_{...})^2+\sum_{i=1}^{m_a}\sum_{j=1}^{m_b}\sum_{k=1}^{n}(x_{ijk}-\overline{x}_{ij.})^2 \\
&\quad = m_b n\sum_{i=1}^{m_a}(\overline{x}_{i..}-\overline{x}_{...})^2+m_a n\sum_{j=1}^{m_b}(\overline{x}_{.j.}-\overline{x}_{...})^2 \\
&\qquad +n\sum_{i=1}^{m_a}\sum_{j=1}^{m_b}(\overline{x}_{ij.}-\overline{x}_{.j.}-\overline{x}_{i..}+\overline{x}_{...})^2+\sum_{i=1}^{m_a}\sum_{j=1}^{m_b}\sum_{k=1}^{n}(x_{ijk}-\overline{x}_{ij.})^2 \\
&\quad = SS_a+SS_b+SS_{ab}+SS_e
\end{aligned}
\tag{5-1}
$$

$$
\begin{aligned}
SS_t &= \sum_{i=1}^{m_a}\sum_{j=1}^{m_b}\sum_{k=1}^{n}(x_{ijk}-\overline{x}_{...})^2 \\
SS_a &= m_b n\sum_{i=1}^{m_a}(\overline{x}_{i..}-\overline{x}_{...})^2 \\
SS_b &= m_a n\sum_{j=1}^{m_b}(\overline{x}_{.j.}-\overline{x}_{...})^2 \\
SS_{ab} &= n\sum_{i=1}^{m_a}\sum_{j=1}^{m_b}(\overline{x}_{ij.}-\overline{x}_{.j.}-\overline{x}_{i..}+\overline{x}_{...})^2 \\
SS_e &= \sum_{i=1}^{m_a}\sum_{j=1}^{m_b}\sum_{k=1}^{n}(x_{ijk}-\overline{x}_{ij.})^2
\end{aligned}
\tag{5-2}
$$

$$
\begin{aligned}
df_t &= m_a m_b n-1 \\
df_a &= m_a-1 \\
df_b &= m_b-1 \\
df_{ab} &= (m_a-1)(m_b-1) \\
df_e &= m_a m_b(n-1)
\end{aligned}
\tag{5-3}
$$

図5-2は，2要因において対応のない場合の分散分析の全変動の構成を表す。全変動は，主効果A，主効果B，交互作用ABと誤差に分解されるだけでなく，全変動の自由度も分解される。

これらの式を用いて，2要因分散分析を行うと以下のようになる。要因A（教授法効果）に関しては，帰無仮説 $H_{01}: \mu_{1.}=\mu_{2.}=\mu_{3.}$ のもとで，

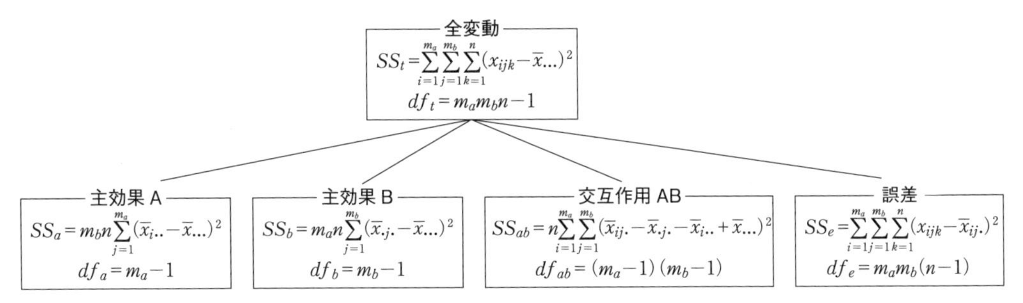

図5-2　対応のない場合の2要因分散分析の全変動の構成

$$F_a=\text{教授法の不偏分散}/\text{誤差不偏分散}=MS_a/MS_e$$
$$=\frac{m_b n\sum_{i=1}^{m_a}(\bar{x}_{i..}-\bar{x}_{...})^2/(m_a-1)}{\sum_{i=1}^{m_a}\sum_{j=1}^{m_b}\sum_{k=1}^{n}(x_{ijk}-\bar{x}_{ij.})^2/\{m_a m_b(n-1)\}} \tag{5-4}$$

は自由度 $df_a=m_a-1$, $df_e=m_a m_b(n-1)$ の F 分布に従う。これを利用して帰無仮説 H_{01}: $\mu_{1.}=\mu_{2.}=\mu_{3.}$ を検定する。同様にして，要因 B（性別効果）に関しては，帰無仮説 H_{02}: $\mu_{.1}=\mu_{.2}$ のもとで，

$$F_b=\frac{\text{性別の不偏分散}}{\text{誤差不偏分散}}=\frac{MS_b}{MS_e}$$
$$=\frac{m_a n\sum_{j=1}^{m_b}(\bar{x}_{.j.}-\bar{x}_{...})^2/(m_b-1)}{\sum_{i=1}^{m_a}\sum_{j=1}^{m_b}\sum_{k=1}^{n}(x_{ijk}-\bar{x}_{ij.})^2/\{m_a m_b(n-1)\}} \tag{5-5}$$

は，自由度 $df_b=m_b-1$，$df_e=m_a m_b(n-1)$ の F 分布に従う。これを利用して帰無仮説 $H_{02}:\mu_{.1}=\mu_{.2}$ を検定する。そして交互作用効果に関しては，帰無仮説 $H_{03}:\mu_{11}-\mu_{12}=\mu_{21}-\mu_{22}=\mu_{31}-\mu_{32}$ のもとで，

$$F_{ab}=\frac{\text{交互作用の不偏分散}}{\text{誤差不偏分散}}=\frac{MS_{ab}}{MS_e} \tag{5-6}$$
$$=\frac{n\sum_{i=1}^{m_a}\sum_{j=1}^{m_b}(\bar{x}_{ij.}-\bar{x}_{.j.}-\bar{x}_{i..}+\bar{x}_{...})^2/\{(m_a-1)(m_b-1)\}}{\sum_{i=1}^{m_a}\sum_{j=1}^{m_b}\sum_{k=1}^{n}(x_{ijk}-\bar{x}_{ij.})^2/\{(m_a m_b(n-1)\}}$$

は，自由度 $df_{ab}=(m_a-1)(m_b-1)$，$df_e=m_a m_b(n-1)$ の F 分布に従う。これを利用して帰無仮説 $H_{03}:\mu_{11}-\mu_{12}=\mu_{21}-\mu_{22}=\mu_{31}-\mu_{32}$ を検定する。表5-1のデータをもとに対応のない2要因分散分析を行うと表5-2を得る（渡辺，2010）。2要因分散分析においては，主効果に有意差があっても，交互作用の種類によって，主効果の有意差が見出されない場合が生じる。相乗効果のある交互作用の場合は，主効果に本来有意差があれば有意差は見出されるが，相殺効果のある交互作用の場合，一方の要因が他方の要因に与える効果が逆の関係にあるので，主効果が有意でなくなる可能性が生じる。よって，交互作用が有意で，かつ，主効果が有意でない場合は，一方の要因の水準ごとの主効果（**単純主効果**）を調べる必要が生じる。

表 5-2　2要因において対応のない2要因分散分析表

変動因	平方和（SS）	自由度（df）	不偏分散（MS）	F	P
主効果 A	$SS_a = 12.867$	$df_a = 2$	$MS_a = 6.433$	$F_a = 5.361$	$P_a = 0.01189$
主効果 B	$SS_b = 9.633$	$df_b = 1$	$MS_b = 9.633$	$F_b = 8.028$	$P_b = 0.00919$
交互作用 AB	$SS_{ab} = 12.067$	$df_{ab} = 2$	$MS_{ab} = 6.033$	$F_{ab} = 5.028$	$P_{ab} = 0.01501$
誤差	$SS_e = 28.8$	$df_e = 24$	$MS_e = 1.2$		
全変動	$SS_t = 63.367$	$df_t = 29$			

2要因分散分析の手続きは以下の通りである。

① 帰無仮説を立てる。

2要因分散分析の場合は，要因が2つあるので，3つの帰無仮説を立てる。

1）要因1の主効果に関する帰無仮説 $H_{01}：\mu_{1\cdot} = \mu_{2\cdot} = \mu_{3\cdot}$

2）要因2の主効果に関する帰無仮説 $H_{02}：\mu_{\cdot 1} = \mu_{\cdot 2}$

3）要因1と2の交互作用効果に関する帰無仮説 $H_{03}：\mu_{11} - \mu_{12} = \mu_{21} - \mu_{22} = \mu_{31} - \mu_{32}$

② 対立仮説を立てる。

対立仮説も3つ立てる。

1）$H_{11}：\mu_{1\cdot} \neq \mu_{2\cdot} \neq \mu_{3\cdot}$

2）$H_{12}：\mu_{\cdot 1} \neq \mu_{\cdot 2}$

3）$H_{13}：\mu_{11} - \mu_{12} \neq \mu_{21} - \mu_{22} \neq \mu_{31} - \mu_{32}$

③ 有意水準を決める。

$\alpha = 0.05$ とする。

④ F 値を計算する。

3つの帰無仮説の各々に対して F 値を計算する。

⑤ P 値を計算する。

⑥ 結論を出す。

3つの P 値の各々をもとに結論を出す。

2) Rで対応のない2要因分散分析を行う

R言語では，対応のない2要因分散分析は，表5-1のデータを使用して関数 aov(data ~ fc1*fc2) によって以下のように実行される。オブジェクト data には，データがベクトル形式で定義される。オブジェクト fc1 は，各データが属する要因1の水準（1, 2, 3），オブジェクト fc2 は，各データが属する要因2の水準（1, 2）である。以下に示す出力と表5-2と比較することによって，関数 aov の出力が分散分析表のどの数値に対応するかがわかる。

各要因の水準を数字で定義するとき，第1要因の水準の分類は10の位の数字で，10，20，30，…，と定義し，第2要因の水準の分類は1の位の数字で，1，2，3，…，と定義する。分類の仕方は任意ではあるが，本書ではこのような分類方法を使用する。このように分類した方が，各水準の平均を分類するとき，多重比較の結果の分類のときに便利である。

```
> data <- c(9, 9, 7, 8, 8, 7, 6, 5, 6, 5, 8, 7, 6, 4, 5, 7, 6, 7, 5, 8,
6, 7, 6, 5, 7, 6, 5, 3, 4, 5)
> cond1 <- c(1, 1, 1, 1, 1, 1, 1, 1, 1, 1, 2, 2, 2, 2, 2, 2, 2, 2, 2, 2,
```

```
3, 3, 3, 3, 3, 3, 3, 3, 3, 3)*10
>cond2 <- c(1, 1, 1, 1, 1, 2, 2, 2, 2, 2, 1, 1, 1, 1, 1, 2, 2, 2, 2, 2,
1, 1, 1, 1, 1, 2, 2, 2, 2, 2)
> fc1 <- factor(cond1)
> fc2 <- factor(cond2)
> fc12 <- factor(cond1+cond2)
> summary(aov(data ~ fc1*fc2))
```

------- 出力 --

```
            Df Sum Sq Mean    Sq F value  Pr(>F)
fc1          2 12.867    6.433  5.361  0.01189 *
fc2          1  9.633    9.633  8.028  0.00919 **
fc1:fc2      2 12.067    6.033  5.028  0.01501 *
Residuals 24 28.800      1.200
---
Signif. codes:  0 '***' 0.001 '**' 0.01 '*' 0.05 '.' 0.1
```

各要因の水準ごとの平均と分散を計算すると，以下のようになる。

```
> tapply(data, fc1, mean)
  10  20  30
 7.0 6.3 5.4
> tapply(data, fc2, mean)
    1        2
6.800000 5.666667
> tapply(data, fc12, mean)
  11  12  21  22  31  32
 8.2 5.8 6.0 6.6 6.2 4.6
> tapply(data, fc1, var)
   10       20       30
2.222222 1.788889 1.600000
> tapply(data, fc2, var)
    1        2
2.171429 1.666667
> tapply(data, fc12, var)
  11  12  21  22  31  32
 0.7 0.7 2.5 1.3 0.7 1.3
```

さらに，交互作用の図示は，関数 interaction.plot を使用することができる。

```
>interaction.plot(fc1, fc2, data)
```

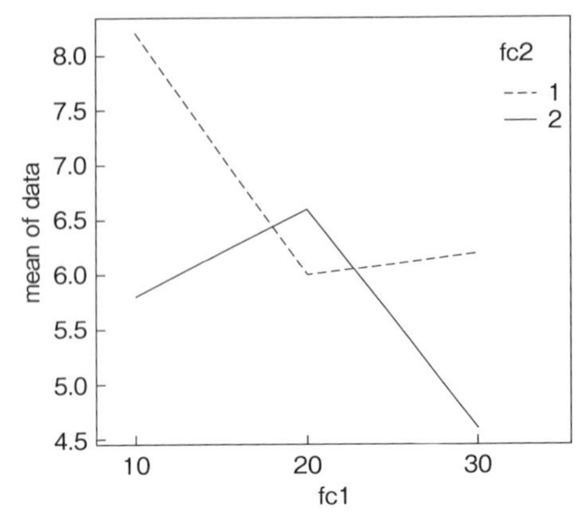

図 5-3　要因 1 と要因 2 の間の交互作用

要因 1 の水準は，10 の位の数字で定義し，要因 2 の水準は，1 の位の数字で定義している。これより，要因 1 の各水準の平均は，順に，7.0，6.3，5.4 である。要因 2 の各水準の平均は，順に，6.8，5.666667 である。そして，さらに，条件 1 と条件 2 を組み合わせたときの平均（$\bar{x}_{ij}.$）は，以下の表 5-3 のようになる。tapply（data, fc12, mean）の出力の 11 は，要因 1 の水準が 1，要因 2 の水準が 1 のときの平均（$\bar{x}_{11}.$），12 は，要因 1 の水準が 1 で，要因 2 の水準が 2 のときの平均（$\bar{x}_{12}.$）を表す。すなわち，数字の 10 の位が要因 1 の水準を，数字の 1 の位が要因 2 の水準を表す。

表 5-3　各水準の平均の分類

要因 1	水準 1（A1）		水準 2（A2）		水準 3（A3）	
要因 2	水準 1（B1）	水準 2（B2）	水準 1（B1）	水準 2（B2）	水準 1（B1）	水準 2（B2）
平均	8.2	5.8	6.0	6.6	6.2	4.6

3）R で対応のない 2 要因分散分析後の多重比較

関数 TukeyHSD を用いて対応のない 2 要因分散分析後の多重比較が可能である。2 要因分散分析後の多重比較では，各要因内の水準間の平均値の比較と，2 つの要因の水準を組み合わせた平均値間の比較が出力される。まず，分散の同質性の検定を関数 bartlett.test を用いて行う。要因 1 と要因 2 を組み合わせた 6 つのグループに関して分散の同質性を行うことになる。そこで，6 つのグループに分類してある fc12 を使用する。

```
> bartlett.test(data~fc12)

        Bartlett test of homogeneity of variances

data:  data by fc12
Bartlett's K-squared = 2.6355, df = 5, p-value = 0.756
```

p>0.05 なので，分散の同質性は採択された。分散の同質性は確認されたので，次に HSD 検定を行う。

```
> TukeyHSD(aov(data ~ fc1*fc2))
  Tukey multiple comparisons of means
    95% family-wise confidence level

Fit: aov(formula = data ~ fc1 * fc2)

$fc1
       diff       lwr        upr         p adj
20-10  -0.7   -1.923416  0.5234158   0.3424459
30-10  -1.6   -2.823416 -0.3765842   0.0088473
30-20  -0.9   -2.123416  0.3234158   0.1791534

$fc2
       diff          lwr       upr      adj
2-1    -1.133333 -1.958893 -0.307774 0.009188
```

```
$`fc1:fc2`
       diff       lwr        upr          p adj
20:1-10:1 -2.2    -4.342153 -0.05784733  0.0417139
30:1-10:1 -2.0    -4.142153  0.14215267  0.0770342
10:2-10:1 -2.4    -4.542153 -0.25784733  0.0218573
20:2-10:1 -1.6    -3.742153  0.54215267  0.2289896
30:2-10:1 -3.6    -5.742153 -1.45784733  0.0003281
30:1-20:1  0.2    -1.942153  2.34215267  0.9996921
10:2-20:1 -0.2    -2.342153  1.94215267  0.9996921
20:2-20:1  0.6    -1.542153  2.74215267  0.9510062
30:2-20:1 -1.4    -3.542153  0.74215267  0.3603915
10:2-30:1 -0.4    -2.542153  1.74215267  0.9916300
20:2-30:1  0.4    -1.742153  2.54215267  0.9916300
30:2-30:1 -1.6    -3.742153  0.54215267  0.2289896
20:2-10:2  0.8    -1.342153  2.94215267  0.8533134
30:2-10:2 -1.2    -3.342153  0.94215267  0.5252332
30:2-20:2 -2.0    -4.142153  0.14215267  0.0770342
```

上の出力において，$fc1 は，要因１の水準間の平均値の多重比較の結果である。５％の有意水準において，要因１に関しては，要因１の水準１の平均（$\overline{x}_{1}..$）と要因１の水準３の平均（$\overline{x}_{3}..$）の差に有意差があることがわかる（$p = 0.0088473$）。そして，$fc2 は，要因２内の水準間の平均値の多重比較である。要因２に関しては，要因２の水準１の平均（$\overline{x}_{.1.}$）と要因２の水準２の平均（$\overline{x}_{.2.}$）の差に有意差がある（$p = 0.009188$）。さらに，$'fc1:fc2' は要因１と要因２の水準間の組み合わせからなる平均値に関する多重比較の結果である。これに関しては，要因１の水準１に

おける要因2の水準2の平均（$\overline{x}_{12.}$）と要因1の水準1における要因2の水準1の平均（$\overline{x}_{11.}$）の差に有意差がある（$p = 0.0218573$）。同様に要因1の水準3における要因2の水準2の平均（$\overline{x}_{32.}$）と要因1の水準1における要因2の水準1の平均（$\overline{x}_{11.}$）の差に有意差がある（$p = 0.0003281$）。

2　1要因において対応のある2要因分散分析

1)　1要因において対応のある2要因分散分析の考え方

1要因において対応のある2要因分散分析は，2要因（要因A，B）のうち1要因のみが対応のある場合で，ここでは，要因Bが対応のある場合を説明する。たとえば，教授法と性別を2要因とする2要因分散分析であれば，各被験者が3つの教授法のすべてに参加する場合で，この場合，教授法が対応のある要因となるので，性別が要因A，教授法が要因Bとなる。この場合，性別を被験者間要因，教授法を被験者内要因と呼ぶ。上の例は，教授法が被験者内要因の場合であるが，教授法を被験者間要因とする場合の例としては，各被験者が時期を変えて2回同じ教授法のもとで英語を習うような場合があげられる。この場合，学習回数が被験者内要因となる。あるいは，教授法を被験者間要因，教師の性別を被験者内要因とする場合があげられる。この場合，被験者は，男女両方の教師のもとで，1教授法下で英語を勉強する条件となる。

1要因（要因B）において対応のある2要因分散分析において，全変動は，以下のように分解される。

全変動（SS_t）＝被験者間変動（$SS_{between}$）＋被験者内変動（SS_{within}）
被験者間変動（$SS_{between}$）＝主効果$A(SS_a)$＋被験者間誤差変動（$SS_{e.a}$）
被験者内変動（SS_{within}）
＝主効果$B(SS_b)$＋交互作用変動（SS_{ab}）＋被験者内誤差変動（$SS_{e.b}$）
(5-7)

$$SS_t = \sum_{i=1}^{m_a}\sum_{j=1}^{m_b}\sum_{k=1}^{n}(x_{ijk} - \overline{x}_{...})^2$$

$$SS_{between} = \sum_{i=1}^{m_a}\sum_{j=1}^{m_b}\sum_{k=1}^{n}(\overline{x}_{i.k} - \overline{x}_{...})^2$$

$$SS_{within} = \sum_{i=1}^{m_a}\sum_{j=1}^{m_b}\sum_{k=1}^{n}(x_{ijk} - \overline{x}_{i.k})^2$$

$$SS_a = \sum_{i=1}^{m_a}\sum_{j=1}^{m_b}\sum_{k=1}^{n}(\overline{x}_{i..} - \overline{x}_{...})^2$$

$$SS_{e.a} = \sum_{i=1}^{m_a}\sum_{j=1}^{m_b}\sum_{k=1}^{n}(\overline{x}_{i.k} - \overline{x}_{i..})^2$$

$$SS_b = \sum_{i=1}^{m_a}\sum_{j=1}^{m_b}\sum_{k=1}^{n}(\overline{x}_{.j.} - \overline{x}_{...})^2$$

$$SS_{ab} = \sum_{i=1}^{m_a}\sum_{j=1}^{m_b}\sum_{k=1}^{n}(\overline{x}_{ij.} - \overline{x}_{i..} - \overline{x}_{.j.} + \overline{x}_{...})^2$$

$$SS_{e.b} = \sum_{i=1}^{m_a}\sum_{j=1}^{m_b}\sum_{k=1}^{n}(x_{ijk} - \overline{x}_{ij.} - \overline{x}_{i.k} + \overline{x}_{i..})^2 \tag{5-8}$$

$$df_t = nm_a m_b - 1$$
$$df_{between} = nm_a - 1$$
$$df_{within} = nm_a(m_b - 1)$$
$$df_a = m_a - 1$$
$$df_{e.a} = m_a(n - 1)$$
$$df_b = m_b - 1$$
$$df_{ab} = (m_a - 1)(m_b - 1)$$
$$df_{e.b} = m_a(n - 1)(m_b - 1) \quad (5\text{-}9)$$

$$MS_a = SS_a/df_a$$
$$MS_{e.a} = SS_{e.a}/df_{e.a}$$
$$MS_b = SS_b/df_b$$
$$MS_{ab} = SS_{ab}/df_{ab}$$
$$MS_{e.b} = SS_{e.b}/df_{e.b} \quad (5\text{-}10)$$

$$F_a = MS_a/MS_{e.a}$$
$$F_b = MS_b/MS_{e.b}$$
$$F_{ab} = MS_{ab}/MS_{e.b} \quad (5\text{-}11)$$

図5-4は，1要因（要因B）において対応のある場合の2要因分散分析の全変動の構成を表す。図5-1の対応のない場合の2要因分散分析の全変動と比較すると，1要因において対応のある場合の2要因分散分析においては，対応のない要因Aの主効果Aと誤差Aは，被験者間変動に属し，対応のある要因Bの主効果Bと誤差Bは，被験者内変動に属する。そして，主効果Aを検定するときは，被験者間変動の誤差Aを使用し，交互作用ABおよび主効果Bを検定するときは，被験者内変動の誤差Bを使用する。すなわち，主効果や交互作用が被験者間変動と被験者内

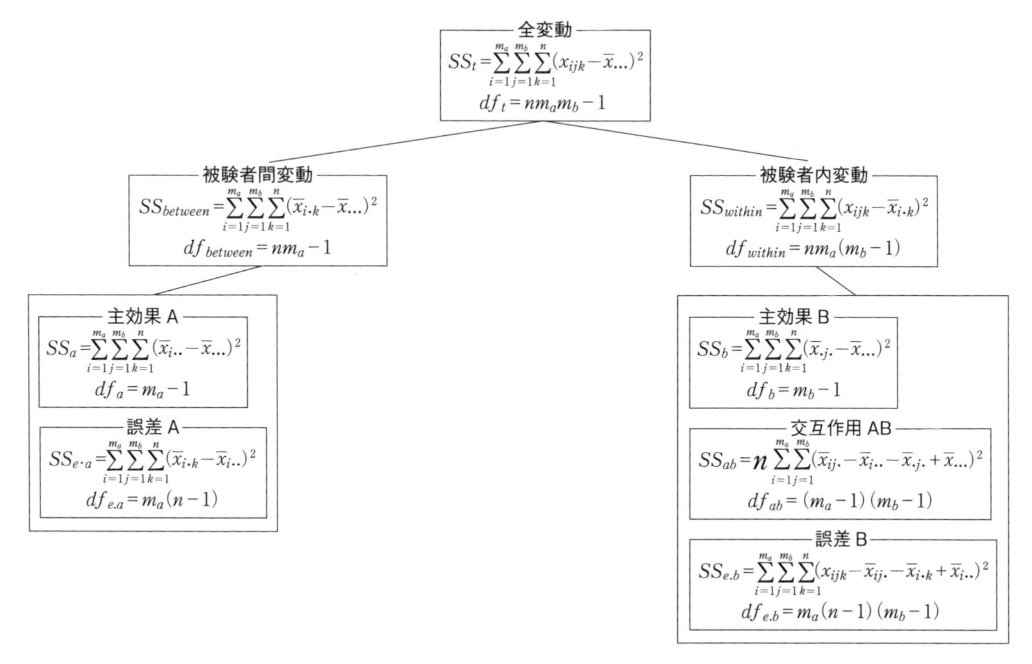

図5-4　1要因（要因B）において対応のある場合の2要因分散分析の全変動の構成

表5-3　1要因（要因B）において対応のある2要因分散分析表

変動因	平方和（SS）	自由度（df）	不偏分散（MS）	F	P
被験者間変動	$SS_{between}$	$df_{between}$			
主効果A	$SS_a = 12.87$	$df_a = 2$	$MS_a = 6.433$	$F_a = 3.86$	$P_a = 0.0508$
誤差A	$SS_{e.a} = 20$	$df_{e.a} = 12$	$MS_{e.a} = 1.667$		
被験者内変動	SS_{within}	df_{within}			
主効果B	$SS_b = 9.633$	$df_b = 1$	$MS_b = 9.633$	$F_b = 13.136$	$P_b = 0.00349$
交互作用AB	$SS_{ab} = 12.067$	$df_{ab} = 2$	$MS_{ab} = 6.033$	$F_{ab} = 8.227$	$P_{ab} = 0.00563$
誤差B	$SS_{e.b} = 8.8$	$df_{e.b} = 12$	$MS_{e.b} = 0.733$		
全変動	$SS_t = 63.367$	$df_t = 29$			

変動のいずれに属するかによってそれらを検定するための誤差が異なるのである。よって，1要因（要因B）において対応のある場合の2要因分散分析表は，表5-3のようになる。

F値を計算する際の誤差分散が被験者間変動に基づく主効果Aの場合と被験者内変動に基づく主効果Bおよび交互作用の場合では異なることに注意しなければならない。前者の場合は，誤差不偏分散は，$MS_{e.a}$，後者の場合は，$MS_{e.b}$である。

2）Rで1要因（要因B）において対応のある2要因分散分析を行う

R言語で1要因（要因B）において対応のある2要因分散分析は，関数aov(data~fc1*fc2＋Error(fs+fs:fc2+fs:fc1:fc2))によって以下のように実行される。被験者は引数fsによって表され，各被験者に割り当てられた数字（数字が同じであれば，同じ被験者であることを意味する）が被験者の割り当てられた水準（条件）を定義する。被験者内要因は，Error(　)の中で定義される。Error(fs+fs:fc2+fs:fc1:fc2)では，要因2（fc2）および要因1と要因2の交互作用(fc1:fc2)が被験者内要因となることを意味する。以下に示す出力と表5-3と比較することによって，関数aovの出力が分散分析表のどの数値に対応するかがわかる。まず，対応のある場合の被験者の配列を考える。2要因とも対応がない場合は，表5-4の各セルに異なった被験者が配列されるので，30人の被験者が必要となる。それに対して，要因1において対応がある場合は，表5-4に示すように要因1の各水準には同じ10人の被験者が参加している。表中の数字は被験者番号を示し，被験者が異なると，番号も異なる。要因2に対応がある場合は，表5-5が示すように，要因1の各水準内の要因2のすべての水準には5人の同じ被験者が配列される。しかし，要因1の水準が異なると，5人の被験者も異なる。

表5-5をもとに，要因2（要因B）に対応がある場合の分散分析をRで行うと以下のようになる。

表5-4　要因1（要因A）に対応のある場合の被験者の割り当て（10人の被験者が5人ずつA1，A2，A3水準すべてに参加）

A_1		A_2		A_3	
B_1	B_2	B_1	B_2	B_1	B_2
1	6	1	6	1	6
2	7	2	7	2	7
3	8	3	8	3	8
4	9	4	9	4	9
5	10	5	10	5	10

表5-5　要因2（要因B）に対応のある場合の被験者の割り当て（15人の被験者が5人ずつ，要因2のすべての水準（B_1，B_2）に参加）

A_1		A_2		A_3	
B_1	B_2	B_1	B_2	B_1	B_2
1	1	6	6	11	11
2	2	7	7	12	12
3	3	8	8	13	13
4	4	9	9	14	14
5	5	10	10	15	15

```
> data <- c(9, 9, 7, 8, 8, 7, 6, 5, 6, 5, 8, 7, 6, 4, 5, 7, 6, 7, 5, 8,
6, 7, 6, 5, 7, 6, 5, 3, 4, 5)
> cond1 <- c(1, 1, 1, 1, 1, 1, 1, 1, 1, 1, 2, 2, 2, 2, 2, 2, 2, 2, 2,
2, 3, 3, 3, 3, 3, 3, 3, 3, 3, 3)*10
> cond2 <- c(1, 1, 1, 1, 1, 2, 2, 2, 2, 2, 1, 1, 1, 1, 1, 2, 2, 2, 2,
2, 1, 1, 1, 1, 1, 2, 2, 2, 2, 2)
> cond12 <- cond1+cond2
> sub1 <- c(1, 2, 3, 4, 5, 1, 2, 3, 4, 5, 6, 7, 8, 9, 10, 6, 7, 8, 9,
10, 11, 12, 13, 14, 15, 11, 12, 13, 14, 15)
> # 上の sub1 は，sub1<-c(rep(1:5, 2), rep(6:10, 2), rep(11:15, 2)) と同じ
である。
> fc1 <- factor(cond1)
> fc2 <- factor(cond2)
> fc12 <- factor(cond12)
> fs1 <- factor(sub1)
>  summary(aov(data ~ fc1*fc2+Error(fs1+fs1:fc2+fs1:fc1:fc2)))
```

------ 出力 ------

```
Error: fs1
       Df Sum Sq Mean Sq F value Pr(>F)
fc1     2  12.87   6.433    3.86 0.0508
Residuals  12  20.00   1.667
---
Signif. codes:  0 '***' 0.001 '**' 0.01 '*' 0.05 '.' 0.1 ' ' 1
```

```
Error: fs1: fc2
       Df Sum Sq Mean Sq F value  Pr(>F)
fc2        1   9.633   9.633  13.136   0.00349 **
fc1:fc2    2  12.067   6.033   8.227   0.00563 **
Residuals 12  8.800    0.733
---
Signif. codes:  0 '***' 0.001 '**' 0.01 '*' 0.05 '.' 0.1
```

警告メッセージ：

```
In aov(data~fc1*fc2+Error(fs+fs:fc2+fs:fc1:fc2)):
  Error() model is singular
```

警告メッセージが出るが，計算結果に間違いはない。

3）要因2（要因B）において対応のある2要因分散分析後の多重比較

各水準の平均は，対応のない2要因分散分析の場合と同じであり，分散の同質性もすでに確認されている。多重比較に関しては，要因1あるいは2に対応がある場合，2要因全体に対してTukeyHSD検定を使用することはできない。そこで，対応のない平均対の比較にはTukeyHSDを使用し，対応のある平均対にはBonferroniの方法を使用するという混合型の検定方法と，対応がある場合もない場合も使用できるBonferroniの方法を使用するという同一型の検定方法の2つの方法が考えられる。いずれの方法がよいかという問題になるが，どちらが検定力が高いかという問題になろう。ここでは，検定の手続きを説明する必要もあるので，とりあえず2つの方法を試みる。分析例としては，要因2（要因B）に対応がある場合を扱うことにする。

1）主効果に関する多重比較

要因1（要因A）の主効果は，分散分析の結果より有意差はないので，多重比較を行う必要はないが，多重比較の手続きの説明上多重比較を行うと以下のようになる。まず，Bonferroniの方法による多重比較を行う。

```
>data.fs1<-tapply(data, fs1, mean)    #各被験者の要因Bの平均
>fc1.fs1<-fc1[fc2=="1"]               #各被験者の要因Aの水準
>pairwise.t.test(data.fs1, fc1.fs1, p.adjust.method="bonferroni")

        Pairwise comparisons using t tests with pooled SD

data:  data.fs1 and fc1.fs1

     10    20
20 0.746   -
30 0.051 0.435

P value adjustment method: bonferroni
```

比較する平均対数＝3なので，$\alpha' = 0.05/3 = 0.01666667$。よって，要因1（要因A）の主効果（主効果A）の多重比較に関しては，5％の有意水準で有意差なしである。要因2（要因B）の主効果に関しては，水準数＝2なので，多重比較の必要はない。

次に，要因1の主効果は対応がないので，TukeyHSD検定を行う。

```
> TukeyHSD(aov(data.fs1~fc1.fs1))
```

```
 Tukey multiple comparisons of means
   95% family-wise confidence level

Fit: aov(formula = data.fs1 ~ fc1.fs1)
```

```
$fc1.fs1
      diff       lwr        upr     p adj
20-10 -0.7 -2.240292  0.8402918 0.4686199
30-10 -1.6 -3.140292 -0.0597082 0.0416601
30-20 -0.9 -2.440292  0.6402918 0.2999734
```

HSD検定では，平均対30と10の間（$\overline{x}_{3..}, \overline{x}_{1..}$）に有意差が生じる。分散分析では，主効果Aに関しては，有意差はなかったが多重比較では有意差が認められた。このような不一致な結果は，問題となっている要因の主効果が有意差の有無の境界線上近くにある場合などには生じることがある。それは，検定の際に分散分析の場合はF分布を使用しているが，HSD検定ではq統計量を使用しているからである。分散分析で有意差が生じなければ，多重比較を行っていないので，分散分析までの結果を用いればよいであろう。

2）単純主効果に関する多重比較

交互作用が有意であるので，単純主効果に関する多重比較を行う必要がある。単純主効果に関する多重比較においては，要因2において対応があるので，要因2の水準間の平均値の比較では，対応のある場合のBonferroniの方法を使用し，それ以外は，対応のない場合のBonferroniの方法を使用する。例としては，要因2（要因B）が対応のある場合を取り扱うことにする。対応のある平均対は，表5-5より，(11, 12)，(21, 22)，(31, 32）の各グループである。ただし，数字の10の位は要因1の水準を示し，1の位は要因2の水準を示す。たとえば，21は，要因1の水準2における要因2の水準1を意味する。次に，対応のない平均対は，(11, 21, 31)，(12, 22, 32)，(11, 22)，(11, 32)，(12, 21)，(12, 31)，(21, 32)，(22, 31）のグループである。対応のある平均対の数は，3個であり，対応のない平均対の数は，$3 \times 2 + 6 = 12$個であるため，合計15個である。よって，$\alpha' = 0.05/15 = 0.003333333$。

まず，対応のあるグループ（11, 12）にBonferroniの方法を適用する。

```
> fc12.select <- fc12[cond12==11 | cond12==12]
> data.select <- data[cond12==11 | cond12==12]
> pairwise.t.test(data.select, fc12.select, p.adjust.method=
  "bonferroni", paired=T)

        Pairwise comparisons using paired t tests

data:  data.select and fc12.select

   11
12 0.00061
```

```
P value adjustment method: bonferroni
Data.select および fc12.select の内容は以下の通り。
> data.select
 [1] 9 9 7 8 8 7 6 5 6 5
> fc12.select
 [1] 11 11 11 11 11 12 12 12 12 12
Levels: 11 12 21 22 31 32
```

他の対応のあるグループ（21, 22），（31, 32）についても同様に行えばよい。

次に，対応のないグループ（11, 21, 31）について，Bonferroniの方法を適用する。

```
> fc12.select <- fc12[cond12==11 | cond12==21 | cond12==31]
> data.select <- data[cond12==11 | cond12==21 | cond12==31]
> pairwise.t.test(data.select, fc12.select, p.adjust.method=
  "bonferroni", paired=F)

        Pairwise comparisons using t tests with pooled SD

data:  data.select and fc12.select

     11    21
21 0.030   -
31 0.051 1.000

P value adjustment method: bonferroni
>
```

対応のない他のグループ (12, 22, 32)，(12, 22, 32)，(11, 22)，(11, 32)，(12, 21)，(12, 31)，(21, 32)，(22, 31）についても，同様に行えばよい。

対応のない平均対に関してHSD検定を行うと以下のようになる。

```
> fc12.select <- data[cond12==11 | cond12==21 | cond12==31]
> data.select <- data[cond12==11 | cond12==21 | cond12==31]
> TukeyHSD(aov(data.select ~fc12.select))
  Tukey multiple comparisons of means
    95% family-wise confidence level

Fit: aov(formula = data.select ~ fc12.select)

$fc12.ncgx1
```

```
       diff       lwr         upr       p adj
21-11  -2.2  -4.123824  -0.27617616  0.0253093
31-11  -2.0  -3.923824  -0.07617616  0.0414967
31-21   0.2  -1.723824   2.12382384  0.9586274
```

```
>
>
> fc12.select <- fc12[cond12==12 | cond12==22 | cond12==32]
> data.select <- data[cond12==12 | cond12==22 | cond12==32]
> TukeyHSD(aov(data.select ~fc12.select))
  Tukey multiple comparisons of means
    95% family-wise confidence level

Fit: aov(formula = data.select ~ fc12.select)

$fc12.select
       diff        lwr         upr      p adj
22-12   0.8  -0.9696605   2.5696605  0.4721338
32-12  -1.2  -2.9696605   0.5696605  0.2081974
32-22  -2.0  -3.7696605  -0.2303395  0.0269822

>
>
> fc12.select<-fc12[cond12==11 | cond12==22 ]
> data.select<-data[cond12==11 | cond12==22 ]
> TukeyHSD(aov(data.select ~fc12.select))
  Tukey multiple comparisons of means
    95% family-wise confidence level

Fit: aov(formula = data.select ~ fc12.select)

$fc12.select
       diff      lwr        upr       p adj
22-11  -1.6  -3.058445  -0.1415549  0.0352652

>
> fc12.select<-fc12[cond12==11 | cond12==32 ]
> data.select<-data[cond12==11 | cond12==32 ]
> TukeyHSD(aov(data.select ~fc12.select))
  Tukey multiple comparisons of means
    95% family-wise confidence level
```

```
Fit: aov(formula = data.select ~ fc12.select)

$fc12.select
        diff       lwr         upr      p adj
32-11  -3.6  -5.058445  -2.141555  0.0004585

>
>
> fc12.select <- fc12[cond12==12 | cond12==21 ]
> data.select <- data[cond12==12 | cond12==21 ]
> TukeyHSD(aov(data.select ~fc12.select))
  Tukey multiple comparisons of means
    95% family-wise confidence level

Fit: aov(formula = data.select ~ fc12.select)

$fc12.select
        diff      lwr       upr       p adj
21-12  0.2  -1.644803  2.044803  0.8088874

>
> fc12.select <-  fc12[cond12==12 | cond12==31 ]
> data.select <-  data[cond12==12 | cond12==31 ]
> TukeyHSD(aov(data.select ~fc12.select))
  Tukey multiple comparisons of means
    95% family-wise confidence level

Fit: aov(formula = data.select ~ fc12.select)

$fc12.select
        diff      lwr         upr       p adj
31-12  0.4  -0.8202227  1.620223  0.4713617

>
> fc12.select <- fc12[cond12==21 | cond12==32 ]
> data.select <- data[cond12==21 | cond12==32 ]
> TukeyHSD(aov(data.select ~fc12.select))
  Tukey multiple comparisons of means
    95% family-wise confidence level
```

```
Fit: aov(formula = data.select ~ fc12.select)

$fc12.select
        diff       lwr        upr       p adj
32-21  -1.4  -3.410328  0.6103278  0.1469609

>
> fc12.select <- fc12[cond12==22 | cond12==31 ]
> data.select <- data[cond12==22 | cond12==31 ]
> TukeyHSD(aov(data.select ~fc12.select))
  Tukey multiple comparisons of means
    95% family-wise confidence level

Fit: aov(formula = data.select ~ fc12.select)

$fc12.select
        diff      lwr        upr      p adj
31-22  -0.4  -1.858445  1.058445  0.5447373
```

このように，TukeyHSDを何度も使用すると，一つひとつで有意差が生じても，第1種のエラーが増加する可能性があるので，全体としての名義的有意水準を下げるか，あるいは，多重比較を行う平均対の数を少なくする必要があるように思える。

3　2要因において対応のある2要因分散分析

1)　2要因において対応のある2要因分散分析の考え方

2要因において対応のある2要因分散分析は，2要因（要因A，B）の両方が被験者内要因となる2要因分散分析である。教授法と教師の性別を要因とする2要因分散分析を例に挙げれば，すべての被験者がすべての教授法，男女両方の教師のもとで，英語を勉強するような場合である。

2要因において対応のある2要因分散分析の全変動は，以下のように分解される。

全変動 (SS_t) = 被験者間変動 $(SS_{between})$ ＋被験者内変動 (SS_{within})
＝被験者間誤差変動 $(SS_{e.between})$ ＋ {主効果A (SS_a) ＋誤差A $(SS_{e.a})$
＋主効果B (SS_b) ＋誤差B $(SS_{e.b})$ ＋交互作用 (SS_{ab}) ＋誤差AB $(SS_{e.ab})$}
(5-12)

$$SS_{between} = SS_{e.between} = \sum_{i=1}^{m_a}\sum_{j=1}^{m_b}\sum_{k=1}^{n}(\overline{x}_{..k} - \overline{x}_{...})^2$$

$$SS_{within} = \sum_{i=1}^{m_a}\sum_{j=1}^{m_b}\sum_{k=1}^{n}(x_{ijk} - \overline{x}_{..k})^2$$

$$SS_a = \sum_{i=1}^{m_a}\sum_{j=1}^{m_b}\sum_{k=1}^{n}(\overline{x}_{i..} - \overline{x}_{...})^2$$

$$SS_{e.a} = \sum_{i=1}^{m_a}\sum_{j=1}^{m_b}\sum_{k=1}^{n}(\overline{x}_{i.k} - \overline{x}_{i..} - \overline{x}_{..k} + \overline{x}_{...})^2$$

$$SS_b = \sum_{i=1}^{m_a}\sum_{j=1}^{m_b}\sum_{k=1}^{n}(\overline{x}_{.j.} - \overline{x}_{...})^2$$

$$SS_{e.b} = \sum_{i=1}^{m_a}\sum_{j=1}^{m_b}\sum_{k=1}^{n}(\overline{x}_{.jk} - \overline{x}_{.j.} - \overline{x}_{..k} + \overline{x}_{...})^2$$

$$SS_{ab} = \sum_{i=1}^{m_a}\sum_{j=1}^{m_b}\sum_{k=1}^{n}(\overline{x}_{ij.} - \overline{x}_{i..} - \overline{x}_{.j.} + \overline{x}_{...})^2$$

$$SS_{e.ab} = \sum_{i=1}^{m_a}\sum_{j=1}^{m_b}\sum_{k=1}^{n}(x_{ijk} - \overline{x}_{ij.} - \overline{x}_{i.k} - \overline{x}_{.jk} + \overline{x}_{i..} + \overline{x}_{.j.} + \overline{x}_{..k} - \overline{x}_{...})^2 \qquad (5\text{-}13)$$

$$\begin{aligned}
df_{between} &= df_{e.between} = n - 1\\
df_{within} &= n(m_a m_b - 1)\\
df_a &= m_a - 1\\
df_{e.a} &= (m_a - 1)(n - 1)\\
df_b &= m_b - 1\\
df_{e.b} &= (m_b - 1)(n - 1)\\
df_{ab} &= (m_a - 1)(m_b - 1)\\
df_{e.ab} &= (m_a - 1)(m_b - 1)(n - 1)
\end{aligned} \qquad (5\text{-}14)$$

$$\begin{aligned}
MS_a &= SS_a/df_a\\
MS_{e.a} &= SS_{\mathrm{e.a}}/df_{\mathrm{e.a}}\\
MS_b &= SS_b/df_b\\
MS_{ab} &= SS_{\mathrm{ab}}/df_{\mathrm{ab}}\\
MS_{e.b} &= SS_{\mathrm{e.b}}/df_{\mathrm{e.b}}\\
MS_{e.ab} &= SS_{\mathrm{e.ab}}/df_{\mathrm{e.ab}}
\end{aligned} \qquad (5\text{-}15)$$

$$\begin{aligned}
F_a &= MS_{\mathrm{a}}/MS_{\mathrm{e.a}}\\
F_b &= MS_{\mathrm{b}}/MS_{\mathrm{e.b}}\\
F_{ab} &= MS_{\mathrm{ab}}/MS_{\mathrm{e.ab}}
\end{aligned} \qquad (5\text{-}16)$$

図 5-5 は，2 要因において対応のある場合の 2 要因分散分析の全変動の構成を表す。2 要因ともに対応のある場合であるので，主効果 A，主効果 B，交互作用 AB すべて被験者内変動に属する。そして，対応が 2 要因においてあるので，各主効果に対応する誤差が存在する。図 5-5 においても示されたように，対応のある場合は，各主効果に対応した誤差が生じ，それをもとに主効果や交互作用を検定することになる。よって，2 要因において対応のある場合の分散分析表は，表 5-6 のようになる。

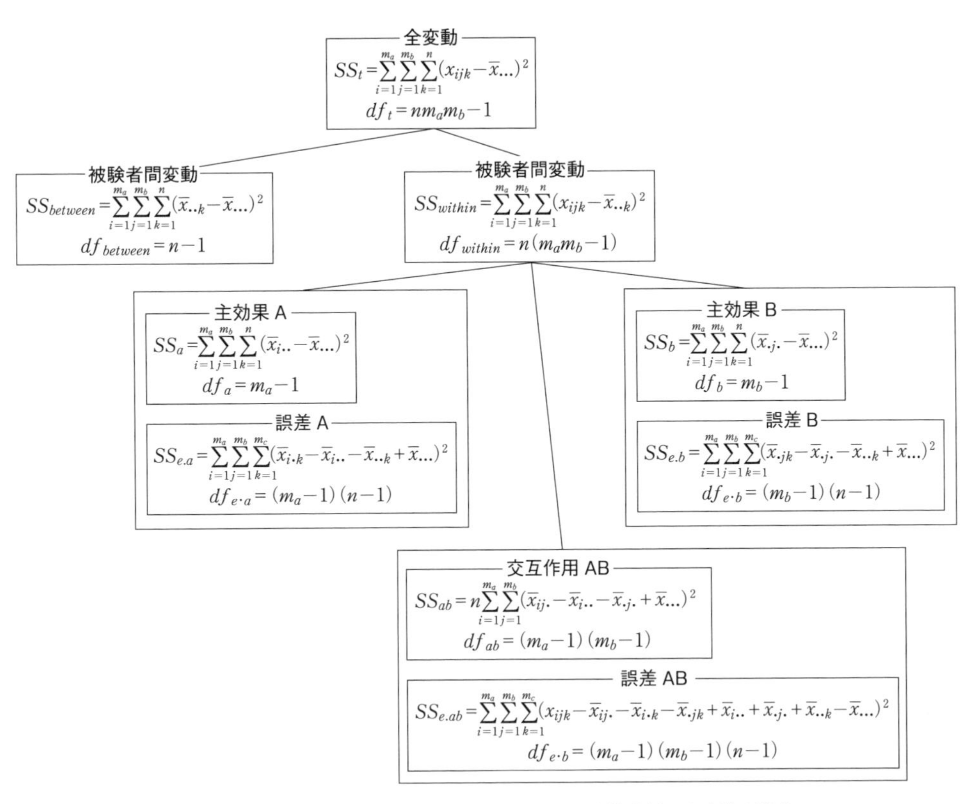

図 5-5　2要因において対応のある場合の2要因分散分析の全変動の構成

表 5-6　2要因において対応のある2要因分散分析表

変動因	平方和（SS）	自由度（df）	不偏分散（MS）	F	P
被験者間変動	$SS_{between}$	$df_{between}$			
被験者内変動	SS_{within}	df_{within}			
主効果 A	$SS_a = 12.87$	$df_a = 2$	$MS_a = 6.433$	$F_a = 7.569$	$P_a = 0.0143$
誤差 A	$SS_{e.a} = 6.80$	$df_{e.a} = 8$	$MS_{e.a} = 0.850$		
主効果 B	$SS_b = 9.633$	$df_b = 1$	$MS_b = 9.633$	$F_b = 20.643$	$P_b = 0.0105$
誤差 B	$SS_{e.b} = 1.867$	$df_{e.b} = 4$	$MS_{e.b} = 0.467$		
交互作用 AB	$SS_{ab} = 12.067$	$df_{ab} = 2$	$MS_{ab} = 6.033$	$F_{ab} = 6.962$	$P_{ab} = 0.0177$
誤差 AB	$SS_{e.ab} = 6.933$	$df_{e.ab} = 8$	$MS_{e.ab} = 0.867$		
全変動	$SS_t = 63.367$	$df_t = 29$			

2）Rで2要因において対応のある2要因分散分析を行う

2要因において対応のある2要因分散分析はRでは関数 aov(data~fc1*fc2 + Error(fs + fs:fc1 + fs:fc2 + fs:fc1:fc2)) によって以下のように実行される。引数において，2つの要因は fc1，fc2，そして，要因毎に各データに対応する被験者を数字で定義する。ここでは，被験者は fs で定義する。以下に示す出力と表 5-6 と比較することによって，関数 aov の出力が分散分析表のどの数値に対応するかがわかる。

```
> data <- c(9, 9, 7, 8, 8, 7, 6, 5, 6, 5, 8, 7, 6, 4, 5, 7, 6, 7, 5, 8,
6, 7, 6, 5, 7, 6, 5, 3, 4, 5)
```

表 5-7　2要因とも対応のある場合の被験者の配置（5人の被験者がすべての条件に参加）

A_1		A_2		A_3	
B_1	B_2	B_1	B_2	B_1	B_2
1	1	1	1	1	1
2	2	2	2	2	2
3	3	3	3	3	3
4	4	4	4	4	4
5	5	5	5	5	5

```
> cond1 <- c(1, 1, 1, 1, 1, 1, 1, 1, 1, 1, 2, 2, 2, 2, 2, 2, 2, 2, 2,
2, 3, 3, 3, 3, 3, 3, 3, 3, 3, 3)
>cond2 <- c(1, 1, 1, 1, 1, 2, 2, 2, 2, 2, 1, 1, 1, 1, 1, 2, 2, 2, 2, 2,
1, 1, 1, 1, 1, 2, 2, 2, 2, 2) *10
> sub <- c(1, 2, 3, 4, 5, 1, 2, 3, 4, 5, 1, 2, 3, 4, 5, 1, 2, 3, 4, 5,
1, 2, 3, 4, 5, 1, 2, 3, 4, 5)
> fc1 <- factor(cond1)
> fc2 <- factor(cond2)
>fc12 <- factor(cond1+cond2)
> fs <- factor(sub)
> summary(aov(data ~ fc1*fc2+Error(fs+fs:fc1+fs:fc2+fs:fc1:fc2)))
```

----- 出力 -----

```
Error: fs
          Df Sum Sq Mean Sq F value Pr(>F)
Residuals  4  13.2   3.3
```

```
Error: fs:fc1
          Df Sum Sq Mean Sq F value Pr(>F)
fc1        2  12.87   6.433   7.569   0.0143 *
Residuals 8   6.80   0.850
---
Signif. codes:  0 '***' 0.001 '**' 0.01 '*' 0.05 '.' 0.1 ' ' 1

Error: fs:fc2
          Df Sum Sq Mean Sq F value Pr(>F)
fc2        1  9.633   9.633  20.64   0.0105 *
Residuals 4  1.867   0.467
---
Signif. codes:  0 '***' 0.001 '**' 0.01 '*' 0.05 '.' 0.1 ' ' 1
```

```
Error: fs:fc1:fc2
       Df Sum Sq Mean Sq F value Pr(>F)
fc1:fc2   2  12.067   6.033   6.962   0.0177 *
Residuals 8   6.933   0.867
---
Signif. codes:  0 '***' 0.001 '**' 0.01 '*' 0.05 '.' 0.1 '
```

3) 2要因において対応のある2要因分散分析後の多重比較

2要因とも対応がある場合の多重比較は，以下のように行う。

```
> pairwise.t.test(data, fc12, p.adjust.method="bonferroni", paired=T)
    Pairwise comparisons using paired t tests

data:  data and fc12

    11      12      21      22      31
12  0.0091  -       -       -       -
21  0.2933  1.0000  -       -       -
22  1.0000  1.0000  1.0000  -       -
31  0.1658  1.0000  1.0000  1.0000  -
32  0.0019  0.4902  1.0000  0.5116  0.5238

P value adjustment method: bonferroni
```

これらの中から，名義的有意水準 $\alpha' = 0.05/15 = 0.003333333$ より小さい平均値の対を選べばよい。結果として，$\overline{x}_{12}$ と $\overline{x}_{32}$ の平均値の間に有意差がある（$p = 0.0019$）。

6　Rで3要因分散分析（対応のない場合）

対応のない3要因分散分析

1) 対応のない3要因分散分析の考え方

3要因分散分析は，3種類の要因から構成される。よって，3種類の要因が，それぞれ対応があるか否かにより，4種類の3要因分散分析（3要因において対応がない場合，1要因において対応のある場合，2要因において対応のある場合，3要因において対応のある場合）が考えられる。3要因において対応のない3要因分散分析においては，3要因の各水準（条件）ごとに被験者が異なる。表6-1には，3要因において対応のない分散分析の例が示されている。要因Aは水準数3，要因Bは水準数2，要因Cは水準数4である。よって，条件数は$3 \times 2 \times 4 = 24$条件，そして，1つのセルには5人の被験者が割り当てられているので，合計$3 \times 2 \times 4 \times 5 = 120$人の被験者からなる。各条件における平均値は，$\bar{x}_{ijk.}$で示されている（表6-1の9行目を参照）。添字$i$は要因A，添字$j$は要因B，添字$k$は要因Cを意味する。よって，$\bar{x}_{ijk.}$は，$A_iB_jC_k$条件の平均である。たとえば，$A_1B_1C_1$条件の平均値は，$\bar{x}_{111.}$で表され，表6-1においては，$\bar{x}_{111.} = 7.0$である。これは，$A_1B_1C_1$条件における5人の被験者の平均である。同様にして，$\bar{x}_{ij..}$は，要因A_iB_jの平均を意味し，要因Cを込みにした時の平均である。たとえば，$\bar{x}_{11..} = 6.80$であり，A_1B_1条件の$5 \times 4 = 20$名の被験者の平均である。さらに，$\bar{x}_{i...}$は，A_i条件における平均を表し，A_i条件における$5 \times 4 \times 2 = 40$人の被験者の平均である。そして，$\bar{x}_{....}$は，すべての条件を込みにした平均で，全平均を意味し，$5 \times 4 \times 2 \times 3 = 120$人の平均である。

表6-1　対応のない3要因分散分析におけるデータ

要因A		A_1								A_2								A_3							
要因B		B_1				B_2				B_1				B_2				B_1				B_2			
要因C		C_1	C_2	C_3	C_4	C_1	C_2	C_3	C_4	C_1	C_2	C_3	C_4	C_1	C_2	C_3	C_4	C_1	C_2	C_3	C_4	C_1	C_2	C_3	C_4
被験者	1	8	8	7	8	5	6	5	7	9	9	8	7	9	6	7	6	7	6	9	8	5	6	8	7
	2	7	7	5	8	5	6	5	5	7	7	8	9	7	5	6	4	7	7	8	7	4	7	8	8
	3	7	8	6	7	7	7	6	5	8	8	6	7	8	6	7	6	8	6	9	8	4	6	7	7
	4	6	6	5	8	6	5	5	4	9	7	7	7	5	5	8	4	6	6	8	6	3	6	6	6
	5	7	7	6	5	6	5	7	4	8	9	6	9	7	6	5	5	8	7	7	7	3	5	7	6
平均	$\bar{x}_{ijk.}$	7.0	7.2	5.8	7.2	5.8	5.8	5.6	5.0	8.2	8.0	7.0	7.8	7.2	5.6	6.6	5.0	7.2	6.4	8.2	7.2	3.8	6.0	7.2	6.8
	$\bar{x}_{ij..}$	6.80				5.55				7.75				6.10				7.25				5.95			
	$\bar{x}_{i...}$	6.175								6.925								6.600							
	$\bar{x}_{....}$	6.566667																							

表 6-2　A_iC_k, A_i, C_k 条件の平均値

	C_1	C_2	C_3	C_4	$\bar{x}_{i...}$
A_1	6.4	6.5	5.7	6.1	6.175
A_2	7.7	6.8	6.8	6.4	6.925
A_3	5.5	6.2	7.7	7.0	6.600
$\bar{x}_{..k.}$	6.533333	6.5	6.733333	6.5	6.566667

表 6-3　B_jC_k, B_j, C_k 条件の平均値

	C_1	C_2	C_3	C_4	$\bar{x}_{.j..}$
B_1	7.466667	7.2	7.0	7.4	7.266667
B_2	5.6	5.8	6.466667	5.6	5.866667
$\bar{x}_{..k.}$	6.533333	6.5	6.733333	6.5	6.566667

3要因において対応のない3要因分散分析の全変動は，

$$\begin{aligned}\text{全変動}\ (SS_t) &= \text{主効果 A}(SS_a) + \text{主効果 B}(SS_b) + \text{主効果 C}(SS_c)\\ &\quad + \text{交互作用 AB}(SS_{ab}) + \text{交互作用 AC}(SS_{ac}) + \text{交互作用 BC}(SS_{bc})\\ &\quad + \text{交互作用 ABC}(SS_{abc}) + \text{誤差}\ (SS_e) \qquad (6\text{-}1)\end{aligned}$$

に分解され，それらは，次のようにして計算される。

$$SS_t = \sum_{i=1}^{m_a}\sum_{j=1}^{m_b}\sum_{k=1}^{m_c}\sum_{l=1}^{n}(x_{ijkl} - \bar{x}_{....})^2$$

$$SS_a = \sum_{i=1}^{m_a}\sum_{j=1}^{m_b}\sum_{k=1}^{m_c}\sum_{l=1}^{n}(\bar{x}_{i...} - \bar{x}_{....})^2$$

$$SS_b = \sum_{i=1}^{m_a}\sum_{j=1}^{m_b}\sum_{k=1}^{m_c}\sum_{l=1}^{n}(\bar{x}_{.j..} - \bar{x}_{....})^2$$

$$SS_c = \sum_{i=1}^{m_a}\sum_{j=1}^{m_b}\sum_{k=1}^{m_c}\sum_{l=1}^{n}(\bar{x}_{..k.} - \bar{x}_{....})^2$$

$$SS_{ab} = \sum_{i=1}^{m_a}\sum_{j=1}^{m_b}\sum_{k=1}^{m_c}\sum_{l=1}^{n}(\bar{x}_{ij..} - \bar{x}_{i...} - \bar{x}_{.j..} + \bar{x}_{....})^2$$

$$SS_{ac} = \sum_{i=1}^{m_a}\sum_{j=1}^{m_b}\sum_{k=1}^{m_c}\sum_{l=1}^{n}(\bar{x}_{i.k.} - \bar{x}_{i...} - \bar{x}_{..k.} + \bar{x}_{....})^2$$

$$SS_{bc} = \sum_{i=1}^{m_a}\sum_{j=1}^{m_b}\sum_{k=1}^{m_c}\sum_{l=1}^{n}(\bar{x}_{.jk.} - \bar{x}_{.j..} - \bar{x}_{..k.} + \bar{x}_{....})^2$$

$$SS_{abc} = \sum_{i=1}^{m_a}\sum_{j=1}^{m_b}\sum_{k=1}^{m_c}\sum_{l=1}^{n}(\bar{x}_{ijk.} - \bar{x}_{ij..} - \bar{x}_{i.k.} - \bar{x}_{.jk.} + \bar{x}_{i...} + \bar{x}_{.j..} + \bar{x}_{..k.} - \bar{x}_{....})^2$$

$$SS_e = \sum_{i=1}^{m_a}\sum_{j=1}^{m_b}\sum_{k=1}^{m_c}\sum_{l=1}^{n}(x_{ijkl} - \bar{x}_{ijk.})^2 \qquad (6\text{-}2)$$

そして，各変動因の自由度，不偏分散，F 値は以下のようにして計算される。

$$df_t = m_a m_b m_c n - 1$$
$$df_a = m_a - 1$$
$$df_b = m_b - 1$$
$$df_c = m_c - 1$$
$$df_{ab} = (m_a - 1)(m_b - 1)$$
$$df_{ac} = (m_a - 1)(m_c - 1)$$
$$df_{bc} = (m_b - 1)(m_c - 1)$$
$$df_{abc} = (m_a - 1)(m_b - 1)(m_c - 1)$$
$$df_e = m_a m_b m_c (n - 1) \quad (6\text{-}3)$$

$$MS_a = SS_a/\mathrm{df}_a$$
$$MS_b = SS_b/\mathrm{df}_b$$
$$MS_c = SS_c/\mathrm{df}_c$$
$$MS_{ab} = SS_{ab}/\mathrm{df}_{ab}$$
$$MS_{ac} = SS_{ac}/\mathrm{df}_{ac}$$
$$MS_{bc} = SS_{bc}/df_{bc}$$
$$\mathrm{MS}_{abc} = \mathrm{SS}_{abc}/\mathrm{df}_{abc}$$
$$\mathrm{MS}_e = \mathrm{SS}_e/\mathrm{df}_e \quad (6\text{-}4)$$

$$F_a = MS_a/MS_e$$
$$F_b = MS_b/MS_e$$
$$F_c = MS_c/MS_e$$
$$F_{ab} = MS_{ab}/MS_e$$
$$F_{ac} = MS_{ac}/MS_e$$
$$F_{bc} = MS_{bc}/MS_e$$
$$F_{abc} = MS_{abc}/MS_e \quad (6\text{-}5)$$

F 値が 7 個あるので，帰無仮説も 7 個となる。主効果の帰無仮説は，順に，

$\mu_{A1} = \mu_{A2} = \mu_{A3}$

$\mu_{B1} = \mu_{B2}$

$\mu_{C1} = \mu_{C2} = \mu_{C3}$

である。要因 A と要因 B の交互作用の帰無仮説は，

$\mu_{A1B1} - \mu_{A1B2} = \mu_{A2B1} - \mu_{A2B2} = \mu_{A3B1} - \mu_{A3B2}$

$\mu_{A1Cj} - \mu_{A1Ck} = \mu_{A2Cj} - \mu_{A2Ck} = \mu_{A3Cj} - \mu_{A3Ck}$，$j, k = 1 \sim 3$ で，$j \neq k$ である。他の交互作用の帰無仮説も同様に定義される。

図 6-1 は，対応のない 3 要因分散分析の場合の全変動の構成を表す。全変動は，主効果 A，主効果 B，主効果 C，交互作用 AB，交互作用 AC，交互作用 BC，交互作用 ABC と誤差に分解される。そして，対応がないので，すべての主効果および交互作用の検定には，共通の誤差が使用される。3 要因分散分析では，3 要因の交互作用（$a \times b \times c$）が生じてくる。これを 2 次の交互作用と呼ぶ。2 次の交互作用は，

$$SS_{abc} = \sum_{i=1}^{ma} \sum_{j=1}^{m_b} \sum_{k=1}^{m_c} \sum_{l=1}^{n} (\overline{x}_{ijk.} - \overline{x}_{ij..} - \overline{x}_{i.k.} - \overline{x}_{.jk.} + \overline{x}_{i...} + \overline{x}_{.j..} + \overline{x}_{..k.} - \overline{x}_{....})^2 \quad (6\text{-}6)$$

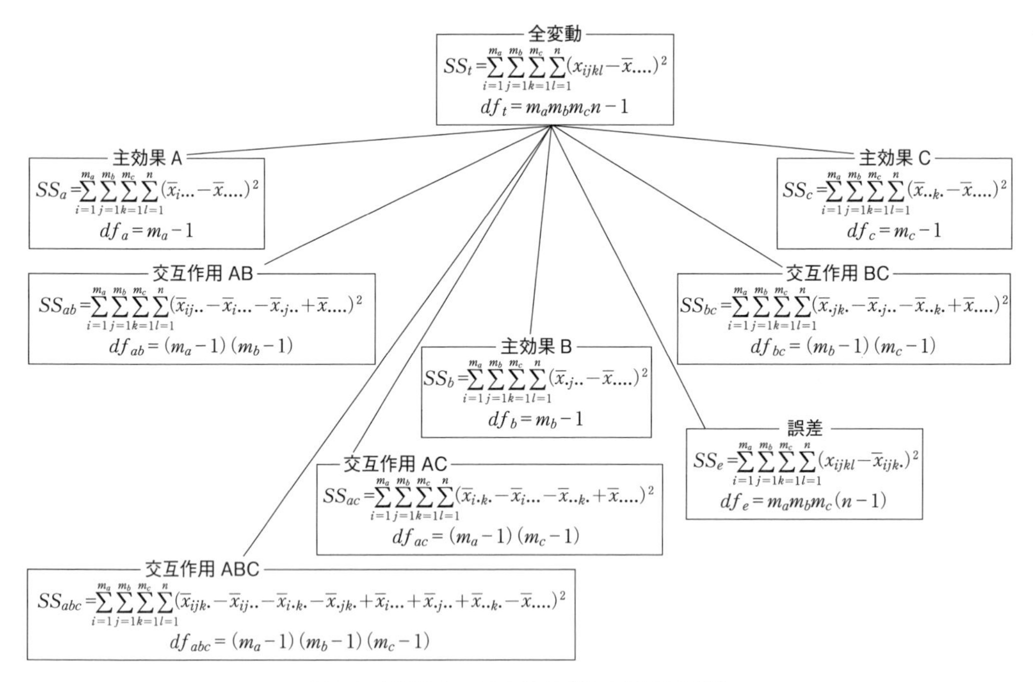

図 6-1　対応のない 3 要因分散分析の全変動の構成

によって表される。2 次の交互作用に対して今までの *ab*，*ac*，*bc* のような 2 要因の交互作用を 1 次の交互作用と呼ぶ。

表 6-4 には，表 6-1 のデータをもとにした分散分析の結果が示されている。P 値より，主効果 A，B，交互作用 AC，BC，ABC が 5 %の有意水準で有意である。各条件ごとに平均値をプロットすると，図 6-2 のようになる。2 次の交互作用 ABC が有意でなければ，交互作用 AB，AC，BC は同じパターンの交互作用となるが，これらの交互作用のパターンが 1 つでも異なると，2 次の交互作用は有意となる。図 6-2 を見てわかるように，交互作用のパターンは同じではなく，これらは有意に異なるのである。これは，要因 A に与える効果が要因 B と C では異なるということ，そして，要因 B と要因 C は互いに影響を与えていることを意味する。

より詳しい分析をするためには，さらに，単純交互作用の分析，単純・単純主効果（simple simple main effect）の分析を必要とする。単純交互作用は，要因が 3 つ以上あるときに，対象と

表 6-4　対応のない 3 要因分散分析表

変動因	平方和（SS）	自由度（df）	不偏分散（MS）	F	P
主効果 A	$SS_a = 11.32$	$df_a = 2$	$MS_a = 5.66$	$F_a = 6.467$	$P_a = 0.00232$
主効果 B	$SS_b = 58.80$	$df_b = 1$	$MS_b = 58.80$	$F_b = 67.200$	$P_b = 1.08e-12$
主効果 C	$SS_c = 1.13$	$df_c = 3$	$MS_c = 0.38$	$F_c = 0.432$	$P_c = 0.73074$
交互作用 AB	$SS_{ab} = 0.95$	$df_{ab} = 2$	$MS_{ab} = 0.48$	$F_{ab} = 0.543$	$P_{ab} = 0.58286$
交互作用 AC	$SS_{ac} = 39.22$	$df_{ac} = 6$	$MS_{ac} = 6.54$	$F_{ac} = 7.470$	$P_{ac} = 1.40e-06$
交互作用 BC	$SS_{bc} = 8.47$	$df_{bc} = 3$	$MS_{bc} = 2.82$	$F_{bc} = 3.225$	$P_{bc} = 0.02595$
交互作用 ABC	$SS_{abc} = 21.58$	$df_{abc} = 6$	$MS_{abc} = 3.60$	$F_{abc} = 4.111$	$P_{abc} = 0.00102$
誤差	$SS_e = 84$	$df_e = 96$	$MS_e = 0.88$		
全変動	$SS_t = 225.47$	$df_t = 119$			

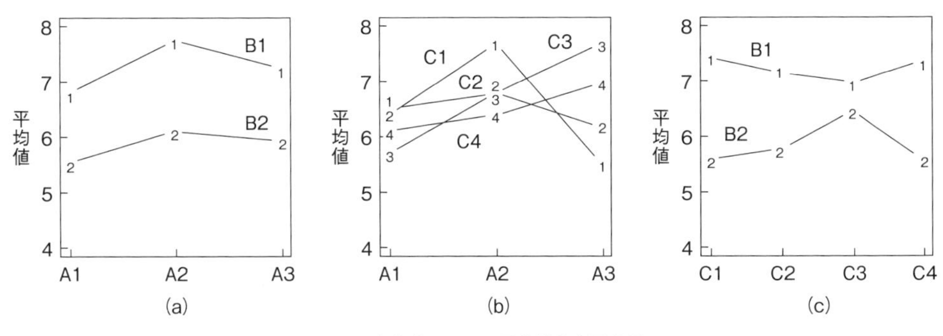

図6-2　各条件における平均値と交互作用

なっている交互作用の2要因以外の要因の水準ごとの交互作用で，3要因の場合であれば，要因Cの各水準ごとの交互作用AB［C_k］，要因Bの各水準ごとの交互作用AC［B_j］，要因Aの各水準ごとの交互作用BC［A_i］がある。これらは，下位検定や多重比較で分析されることになる。

3要因分散分析後における多重比較は，以下のように行う。

①分散分析の結果，主効果が有意であれば，有意な主効果ごとにその主効果に属する水準間の多重比較を行う。

②1次の交互作用（AB，AC，BC）が有意であれば，単純主効果に属する水準間の多重比較を行う。例えば，交互作用ABが有意であれば，単純主効果A［B_1］内の3つの水準A_1B_1，A_2B_1，A_3B_1間の平均対の多重比較，単純主効果A［B_2］内の3つの水準A_1B_2，A_2B_2，A_3B_2間の平均対の多重比較，単純主効果B［A_1］内の2つの水準A_1B_1，A_1B_2間の平均対の多重比較，単純主効果B［A_2］内の2つの水準A_2B_1，A_2B_2間の平均対の多重比較，単純主効果B［A_3］内の2つの水準A_3B_1，A_3B_2間の平均対の多重比較を行う。

③2次の交互作用（ABC）が有意ならば，各要因内の水準ごとの単純交互作用の検定を行う。そして，単純交互作用が有意であれば，単純・単純主効果の多重比較を行う。まず，単純交互作用は次の9種類BC[A_1]，BC[A_2]，BC[A_3]，AC[B_1]，AC[B_2]，AB[C_1]，AB[C_2]，AB[C_3]，AB[C_4]が存在する。単純交互作用BC[A_1]が有意であれば，単純・単純主効果B[C_1A_1]，B[C_2A_1]，B[C_3A_1]，B[C_4A_1]を検定する。そして，B[C_1A_1]が有意であれあば，単純・単純主効果B[C_1A_1]内の水準間の多重比較を行う。多重比較を行う際に，これらを順番に行うか，あるいは，すべてを同時に行うかであるが，同時に行うと名義的有意水準が下がるので，帰無仮説が棄却されない確率が高まってゆく。順番に逐次的に行う方が第2種のエラーが少なくなる。

2）Rで対応のない3要因分散分析を行う

Rで対応のない3要因分散分析を行うには以下のようにする。オブジェクトdataは，ベクトルデータで，すべてのデータをベクトル形式で定義する。オブジェクトfc1，fc2，fc3は，順に各データが属する要因1，要因2，要因3の水準を示す。

```
data <- c(8, 7, 7, 6, 7, 8, 7, 8, 6, 7, 7, 5, 6, 5, 6, 8, 8, 7, 8, 5, 5,
5, 7, 6, 6, 6, 6, 7, 5, 5, 5, 5, 6, 5, 7, 7, 5, 5, 4, 4, 9, 7, 8, 9, 8,
9, 7, 8, 7, 9, 8, 8, 6, 7, 6, 7, 9, 7, 7, 9, 9, 7, 8, 5, 7, 6, 5, 6, 5,
6, 7, 6, 7, 8, 5, 6, 4, 6, 4, 5, 7, 7, 8, 6, 8, 6, 7, 6, 6, 7, 9, 8, 9,
```

```
8, 7, 8, 7, 8, 6, 7, 5, 4, 4, 3, 3, 6, 7, 6, 6, 5, 8, 8, 7, 6, 7, 7, 8,
7, 6, 6)
> cond1 <- c(rep(1, 40), rep(2, 40), rep(3, 40))*100
> cond1 <- c(rep(1, 40), rep(2, 40), rep(3, 40))*100
> cond2 <- c(rep(c(rep(1, 20), rep(2, 20)), 3))*10
> cond3 <- rep(c(rep(1, 5), rep(2, 5), rep(3, 5), rep(4, 5)), 6)
> fc1 <- factor(cond1)
> fc2 <- factor(cond2)
> fc3 <- factor(cond3)
> fc12 <- factor(cond1+cond2)
> fc13 <- factor(cond1+cond3)
> fc23 <- factor(cond2+cond3)
> fc123 <- factor(cond1+cond2+cond3)
> summary(aov(data~fc1*fc2*fc3))
       Df Sum Sq Mean Sq F value   Pr(>F)
fc1             2  11.32   5.66   6.467  0.00232 **
fc2             1  58.80  58.80  67.200  1.08e-12 ***
fc3             3   1.13   0.38   0.432  0.73074
fc1:fc2         2   0.95   0.48   0.543  0.58286
fc1:fc3         6  39.22   6.54   7.470  1.40e-06 ***
fc2:fc3         3   8.47   2.82   3.225  0.02595 *
fc1:fc2:fc3     6  21.58   3.60   4.111  0.00102 **
Residuals      96  84.00   0.87
---
Signif. codes:  0 '***' 0.001 '**' 0.01 '*' 0.05 '.' 0.1 ' ' 1
```

```
> tapply(data, fc1, mean)
  100   200   300
6.175 6.925 6.600
> tapply(data, fc2, mean)
    10       20
7.266667 5.866667
> tapply(data, fc3, mean)
    1         2         3         4
6.533333 6.500000 6.733333 6.500000
> tapply(data, fc12, mean)
 110  120  210  220  310  320
6.80 5.55 7.75 6.10 7.25 5.95
> tapply(data, fc13, mean)
101  102  103  104  201  202  203  204  301  302  303  304
```

```
6.4  6.5  5.7  6.1  7.7  6.8  6.8  6.4  5.5  6.2  7.7  7.0
> tapply(data, fc23, mean)
   11       12       13       14       21       22       23       24
7.466667 7.200000 7.000000 7.400000 5.600000 5.800000 6.466667 5.600000
> tapply(data, fc123, mean)
111 112 113 114 121 122 123 124 211 212 213 214 221 222 223 224 311 312 313
7.0 7.2 5.8 7.2 5.8 5.8 5.6 5.0 8.2 8.0 7.0 7.8 7.2 5.6 6.6 5.0 7.2 6.4 8.2
314 321 322 323 324
7.2 3.8 6.0 7.2 6.8
> tapply(data, fc1, var)
   100      200      300
1.378846 2.071154 2.041026
> tapply(data, fc2, var)
     10       20
1.148023 1.676836
> tapply(data, fc3, var)
       1        2        3        4
2.809195 1.224138 1.512644 2.189655
> tapply(data, fc12, var)
    110       120       210       220       310       320
1.1157895 0.8921053 1.0394737 1.7789474 0.9342105 2.3657895
> tapply(data, fc13, var)
    101       102       103       104       201       202       203
0.9333333 1.1666667 0.6777778 2.7666667 1.5666667 2.1777778 1.0666667
    204       301       302       303       304
3.1555556 3.8333333 0.4000000 0.9000000 0.6666667
> tapply(data, fc23, var)
     11        12        13        14        21        22        23
0.8380952 1.0285714 1.7142857 1.1142857 3.1142857 0.4571429 1.2666667
     24
1.6857143
> tapply(data, fc123, var)
111 112 113 114 121 122 123 124 211 212 213 214 221 222 223 224 311 312 313
0.5 0.7 0.7 1.7 0.7 0.7 0.8 1.5 0.7 1.0 1.0 1.2 2.2 0.3 1.3 1.0 0.7 0.3 0.7
314 321 322 323 324
0.7 0.7 0.5 0.7 0.7
> interaction.plot(fc1[fc3==1], fc2[fc3==1], data[fc3==1])
> interaction.plot(fc1[fc3==2], fc2[fc3==2], data[fc3==2])
> interaction.plot(fc1[fc3==3], fc2[fc3==3], data[fc3==3])
> interaction.plot(fc1[fc3==4], fc2[fc3==4], data[fc3==4])
```

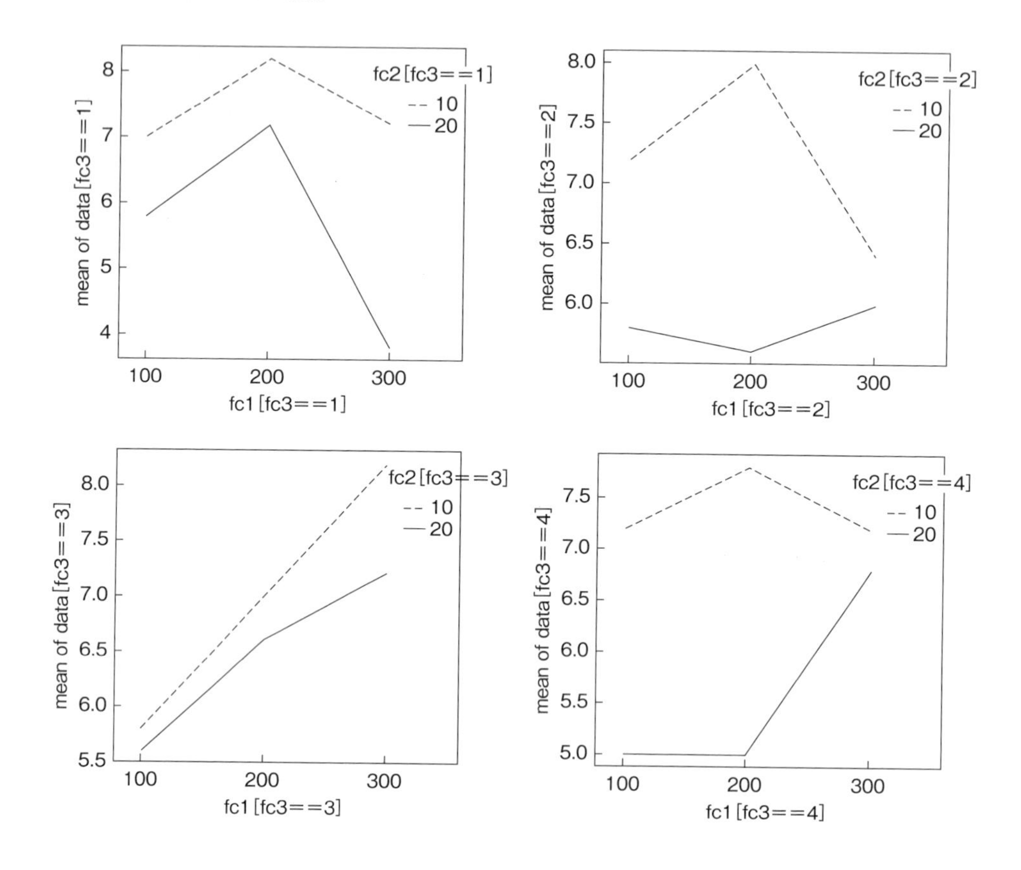

対応のない3要因分散分析表より，要因1，要因2の主効果，要因1と2の交互作用および要因1と3の交互作用（1次の交互作用），要因1と2と3の交互作用（2次の交互作用）が有意である。2次の交互作用が有意であるということは，要因1の水準ごとの要因2と3の交互作用，要因2の水準毎の要因1と3の交互作用，要因3の水準ごとの要因1と3の交互作用の3つの交互作用のうち少なくとも1つが他の交互作用と異なるということを意味する。

まず，関数 bartlett.test を使用して，分散の同質性を確認する。3要因の組み合わせによって，$3 \times 2 \times 4 = 24$ 通りの分散が存在するので，24個の分散の同質性の検定となる。

```
> bartlett.test(data~fc123)
```

```
        Bartlett test of homogeneity of variances
```

```
data:  data by fc123
Bartlett's K-squared = 9.4472, df = 23, p-value = 0.9942
```

p>0.05 より，5％の有意水準で分散の同質性は採択されたので，次に，要因1の主効果に関する多重比較を TukeyHSD で行う。

```
> TukeyHSD(aov(data~fc1*fc2*fc3))$fc1
```

```
          diff         lwr       upr        p adj
200-100  0.750  0.25206042 1.2479396 0.001527493
300-100  0.425 -0.07293958 0.9229396 0.110101357
300-200 -0.325 -0.82293958 0.1729396 0.270744038
```

よって，５％の有意水準で要因１の水準１と水準２の間（200−100）の平均対（$\overline{x}_{1..}$ と $\overline{x}_{2..}$）に有意差がある（$p=0.001527493$）。要因２は，水準数が２であるので，多重比較の必要はない。

次に，要因１と要因３の間の１次の交互作用が有意であるので，要因１と要因３の水準を組み合わせた平均対の多重比較を行う。出力が多いので，p 値のみを小数第３位で四捨五入した結果を示すと以下のようになる。各列最右端の数字が p 値を表す。出力表中の 100，200，300 は，要因１の水準１，２，３をそれぞれ表し，出力表中の 10，20 は，要因２の水準１，２をそれぞれ表し，出力表中の１，２，３，４は要因３の水準１，２，３，４をそれぞれ表す。たとえば，200:1−100:1 0.096 は，要因１の水準２における要因３の水準１の平均（$\overline{x}_{2.1}$）と要因１の水準１における要因３の水準１の平均（$\overline{x}_{1.1}$）の差を検定した時の P 値が，0.096 であることを意味する。$p<0.05$ であれば，対応する平均対は５％の有意水準で有意となる。

```
> p <- round(cbind(TukeyHSD(aov(data~fc1*fc2*fc3))$'fc1:fc3'[, 4]), 3)
> p

200:1-100:1 0.096   200:3-300:1 0.096   300:4-300:2 0.749
300:1-100:1 0.588   300:3-300:1 0.000   200:3-100:3 0.279
100:2-100:1 1.000   100:4-300:1 0.954   300:3-100:3 0.000
200:2-100:1 0.998   200:4-300:1 0.588   100:4-100:3 0.998
300:2-100:1 1.000   300:4-300:1 0.025   200:4-100:3 0.876
100:3-100:1 0.876   200:2-100:2 1.000   300:4-100:3 0.096
200:3-100:1 0.998   300:2-100:2 1.000   300:3-200:3 0.588
300:3-100:1 0.096   100:3-100:2 0.749   100:4-200:3 0.876
100:4-100:1 1.000   200:3-100:2 1.000   200:4-200:3 0.998
200:4-100:1 1.000   300:3-100:2 0.169   300:4-200:3 1.000
300:4-100:1 0.954   100:4-100:2 0.998   100:4-300:3 0.012
300:1-200:1 0.000   200:4-100:2 1.000   200:4-300:3 0.096
100:2-200:1 0.169   300:4-100:2 0.988   300:4-300:3 0.876
200:2-200:1 0.588   300:2-200:2 0.954   200:4-100:4 1.000
300:2-200:1 0.025   100:3-200:2 0.279   300:4-100:4 0.588
100:3-200:1 0.000   200:3-200:2 1.000   300:4-200:4 0.954
200:3-200:1 0.588   300:3-200:2 0.588
300:3-200:1 1.000   100:4-200:2 0.876
100:4-200:1 0.012   200:4-200:2 0.998
200:4-200:1 0.096   300:4-200:2 1.000
300:4-200:1 0.876   100:3-300:2 0.988
100:2-300:1 0.423   200:3-300:2 0.954
```

```
200:2-300:1 0.096    300:3-300:2 0.025
300:2-300:1 0.876    100:4-300:2 1.000
100:3-300:1 1.000    200:4-300:2 1.000
```

以下の方法でp<0.05となる平均対が選び出せる。

```
> mpair<-attributes(p)$dimnames[[1]]
> noquote(cbind(mpair[p < 0.05], p[p < 0.05]))
     [,1]        [,2]
[1,] 300:1-200:1 0
[2,] 300:2-200:1 0.025
[3,] 100:3-200:1 0
[4,] 100:4-200:1 0.012
[5,] 300:3-300:1 0
[6,] 300:4-300:1 0.025
[7,] 300:3-300:2 0.025
[8,] 300:3-100:3 0
[9,] 100:4-300:3 0.012
```

次に，要因2と要因3の間の1次の交互作用が有意であるので，要因2と要因3の水準を組み合わせた平均対の多重比較を行う。

```
> p <- round(cbind(TukeyHSD(aov(data~fc1*fc2*fc3))$'fc2:fc3'[, 4]), 3)
>p

20:1-10:1 0.000  10:4-10:2 0.999
10:2-10:1 0.994  20:4-10:2 0.000
20:2-10:1 0.000  10:3-20:2 0.015
10:3-10:1 0.870  20:3-20:2 0.519
20:3-10:1 0.078  10:4-20:2 0.000
10:4-10:1 1.000  20:4-20:2 0.999
20:4-10:1 0.000  20:3-10:3 0.772
10:2-20:1 0.000  10:4-10:3 0.938
20:2-20:1 0.999  20:4-10:3 0.002
10:3-20:1 0.002  10:4-20:3 0.126
20:3-20:1 0.193  20:4-20:3 0.193
10:4-20:1 0.000  20:4-10:4 0.000
20:4-20:1 1.000
20:2-10:2 0.002
10:3-10:2 0.999
20:3-10:2 0.393
```

```
> mpair<-attributes(p)$dimnames[[1]]
> noquote(cbind(mpair[p<0.05], p[p<0.05]))
       [, 1]       [, 2]
 [1,] 20:1-10:1 0
 [2,] 20:2-10:1 0
 [3,] 20:4-10:1 0
 [4,] 10:2-20:1 0
 [5,] 10:3-20:1 0.002
 [6,] 10:4-20:1 0
 [7,] 20:2-10:2 0.002
 [8,] 20:4-10:2 0
 [9,] 10:3-20:2 0.015
[10,] 10:4-20:2 0
[11,] 20:4-10:3 0.002
[12,] 20:4-10:4 0
```

さらに，要因1と要因2と要因3の間の2次の交互作用が有意であるので，要因1と要因2と要因3の水準を組み合わせた平均対の多重比較を行う。

```
> p <- round(cbind(TukeyHSD(aov(data~fc1*fc2*fc3))$'fc1:fc2:fc3'[, 4]), 3)
> p
200:10:1-100:10:1 0.930    100:20:2-200:10:1 0.019    100:10:4-300:10:1 1.000
300:10:1-100:10:1 1.000    200:20:2-200:10:1 0.006    200:10:4-300:10:1 1.000
100:20:1-100:10:1 0.930    300:20:2-200:10:1 0.054    300:10:4-300:10:1 1.000
200:20:1-100:10:1 1.000    100:10:3-200:10:1 0.019    100:20:4-300:10:1 0.054
300:20:1-100:10:1 0.000    200:10:3-200:10:1 0.930    200:20:4-300:10:1 0.054
100:10:2-100:10:1 1.000    300:10:3-200:10:1 1.000    300:20:4-300:10:1 1.000
200:10:2-100:10:1 0.990    100:20:3-200:10:1 0.006    200:20:1-100:20:1 0.765
300:10:2-100:10:1 1.000    200:20:3-200:10:1 0.521    300:20:1-100:20:1 0.135
100:20:2-100:10:1 0.930    300:20:3-200:10:1 0.990    100:10:2-100:20:1 0.765
200:20:2-100:10:1 0.765    100:10:4-200:10:1 0.990    200:10:2-100:20:1 0.054
300:20:2-100:10:1 0.990    200:10:4-200:10:1 1.000    300:10:2-100:20:1 1.000
100:10:3-100:10:1 0.930    300:10:4-200:10:1 0.990    100:20:2-100:20:1 1.000
200:10:3-100:10:1 1.000    100:20:4-200:10:1 0.000    200:20:2-100:20:1 1.000
300:10:3-100:10:1 0.930    200:20:4-200:10:1 0.000    300:20:2-100:20:1 1.000
100:20:3-100:10:1 0.765    300:20:4-200:10:1 0.765    100:10:3-100:20:1 1.000
200:20:3-100:10:1 1.000    100:20:1-300:10:1 0.765    200:10:3-100:20:1 0.930
300:20:3-100:10:1 1.000    200:20:1-300:10:1 1.000    300:10:3-100:20:1 0.019
100:10:4-100:10:1 1.000    300:20:1-300:10:1 0.000    100:20:3-100:20:1 1.000
200:10:4-100:10:1 1.000    100:10:2-300:10:1 1.000    200:20:3-100:20:1 1.000
300:10:4-100:10:1 1.000    200:10:2-300:10:1 1.000    300:20:3-100:20:1 0.765
```

```
100:20:4-100:10:1 0.135   300:10:2-300:10:1 1.000   100:10:4-100:20:1 0.765
200:20:4-100:10:1 0.135   100:20:2-300:10:1 0.765   200:10:4-100:20:1 0.135
300:20:4-100:10:1 1.000   200:20:2-300:10:1 0.521   300:10:4-100:20:1 0.765
300:10:1-200:10:1 0.990   300:20:2-300:10:1 0.930   100:20:4-100:20:1 1.000
100:20:1-200:10:1 0.019   100:10:3-300:10:1 0.765   200:20:4-100:20:1 1.000
200:20:1-200:10:1 0.990   200:10:3-300:10:1 1.000   300:20:4-100:20:1 0.990
300:20:1-200:10:1 0.000   300:10:3-300:10:1 0.990   300:20:1-200:20:1 0.000
100:10:2-200:10:1 0.990   100:20:3-300:10:1 0.521   100:10:2-200:20:1 1.000
200:10:2-200:10:1 1.000   200:20:3-300:10:1 1.000   200:10:2-200:20:1 1.000
300:10:2-200:10:1 0.291   300:20:3-300:10:1 1.000   300:10:2-200:20:1 1.000

100:20:2-200:20:1 0.765   100:20:4-300:20:1 0.930   100:10:4-200:10:2 1.000
200:20:2-200:20:1 0.521   200:20:4-300:20:1 0.930   200:10:4-200:10:2 1.000
300:20:2-200:20:1 0.930   300:20:4-300:20:1 0.000   300:10:4-200:10:2 1.000
100:10:3-200:20:1 0.765   200:10:2-100:10:2 1.000   100:20:4-200:10:2 0.000
200:10:3-200:20:1 1.000   300:10:2-100:10:2 1.000   200:20:4-200:10:2 0.000
300:10:3-200:20:1 0.990   100:20:2-100:10:2 0.765   300:20:4-200:10:2 0.930
100:20:3-200:20:1 0.521   200:20:2-100:10:2 0.521   100:20:2-300:10:2 1.000
200:20:3-200:20:1 1.000   300:20:2-100:10:2 0.930   200:20:2-300:10:2 1.000
300:20:3-200:20:1 1.000   100:10:3-100:10:2 0.765   300:20:2-300:10:2 1.000
100:10:4-200:20:1 1.000   200:10:3-100:10:2 1.000   100:10:3-300:10:2 1.000
200:10:4-200:20:1 1.000   300:10:3-100:10:2 0.990   200:10:3-300:10:2 1.000
300:10:4-200:20:1 1.000   100:20:3-100:10:2 0.521   300:10:3-300:10:2 0.291
100:20:4-200:20:1 0.054   200:20:3-100:10:2 1.000   100:20:3-300:10:2 1.000
200:20:4-200:20:1 0.054   300:20:3-100:10:2 1.000   200:20:3-300:10:2 1.000
300:20:4-200:20:1 1.000   100:10:4-100:10:2 1.000   300:20:3-300:10:2 1.000
100:10:2-300:20:1 0.000   200:10:4-100:10:2 1.000   100:10:4-300:10:2 1.000
200:10:2-300:20:1 0.000   300:10:4-100:10:2 1.000   200:10:4-300:10:2 0.765
300:10:2-300:20:1 0.006   100:20:4-100:10:2 0.054   300:10:4-300:10:2 1.000
100:20:2-300:20:1 0.135   200:20:4-100:10:2 0.054   100:20:4-300:10:2 0.765
200:20:2-300:20:1 0.291   300:20:4-100:10:2 1.000   200:20:4-300:10:2 0.765
300:20:2-300:20:1 0.054   300:10:2-200:10:2 0.521   300:20:4-300:10:2 1.000
100:10:3-300:20:1 0.135   100:20:2-200:10:2 0.054   200:20:2-100:20:2 1.000
200:10:3-300:20:1 0.000   200:20:2-200:10:2 0.019   300:20:2-100:20:2 1.000
300:10:3-300:20:1 0.000   300:20:2-200:10:2 0.135   100:10:3-100:20:2 1.000
100:20:3-300:20:1 0.291   100:10:3-200:10:2 0.054   200:10:3-100:20:2 0.930
200:20:3-300:20:1 0.002   200:10:3-200:10:2 0.990   300:10:3-100:20:2 0.019
300:20:3-300:20:1 0.000   300:10:3-200:10:2 1.000   100:20:3-100:20:2 1.000
100:10:4-300:20:1 0.000   100:20:3-200:10:2 0.019   200:20:3-100:20:2 1.000
200:10:4-300:20:1 0.000   200:20:3-200:10:2 0.765   300:20:3-100:20:2 0.765
300:10:4-300:20:1 0.000   300:20:3-200:10:2 1.000   100:10:4-100:20:2 0.765
```

```
200:10:4-100:20:2 0.135
300:10:4-100:20:2 0.765
100:20:4-100:20:2 1.000
200:20:4-100:20:2 1.000
300:20:4-100:20:2 0.990
300:20:2-200:20:2 1.000
100:10:3-200:20:2 1.000
200:10:3-200:20:2 0.765
300:10:3-200:20:2 0.006
100:20:3-200:20:2 1.000
200:20:3-200:20:2 0.990
300:20:3-200:20:2 0.521
100:10:4-200:20:2 0.521
200:10:4-200:20:2 0.054
300:10:4-200:20:2 0.521
100:20:4-200:20:2 1.000
200:20:4-200:20:2 1.000
300:20:4-200:20:2 0.930
100:10:3-300:20:2 1.000
200:10:3-300:20:2 0.990
300:10:3-300:20:2 0.054
100:20:3-300:20:2 1.000
200:20:3-300:20:2 1.000
300:20:3-300:20:2 0.930
100:10:4-300:20:2 0.930
200:10:4-300:20:2 0.291
300:10:4-300:20:2 0.930
100:20:4-300:20:2 0.990
200:20:4-300:20:2 0.990
300:20:4-300:20:2 1.000
200:10:3-100:10:3 0.930
300:10:3-100:10:3 0.019
100:20:3-100:10:3 1.000
200:20:3-100:10:3 1.000
300:20:3-100:10:3 0.765
100:10:4-100:10:3 0.765
200:10:4-100:10:3 0.135
300:10:4-100:10:3 0.765
100:20:4-100:10:3 1.000
200:20:4-100:10:3 1.000
300:20:4-100:10:3 0.990
300:10:3-200:10:3 0.930
100:20:3-200:10:3 0.765
200:20:3-200:10:3 1.000
300:20:3-200:10:3 1.000
100:10:4-200:10:3 1.000
200:10:4-200:10:3 1.000
300:10:4-200:10:3 1.000
100:20:4-200:10:3 0.135
200:20:4-200:10:3 0.135
300:20:4-200:10:3 1.000
100:20:3-300:10:3 0.006
200:20:3-300:10:3 0.521
300:20:3-300:10:3 0.990
100:10:4-300:10:3 0.990
200:10:4-300:10:3 1.000
300:10:4-300:10:3 0.990
100:20:4-300:10:3 0.000
200:20:4-300:10:3 0.000
300:20:4-300:10:3 0.765
200:20:3-100:20:3 0.990
300:20:3-100:20:3 0.521
100:10:4-100:20:3 0.521
200:10:4-100:20:3 0.054
300:10:4-100:20:3 0.521
100:20:4-100:20:3 1.000
200:20:4-100:20:3 1.000
300:20:4-100:20:3 0.930
300:20:3-200:20:3 1.000
100:10:4-200:20:3 1.000
200:10:4-200:20:3 0.930
300:10:4-200:20:3 1.000
100:20:4-200:20:3 0.521
200:20:4-200:20:3 0.521
300:20:4-200:20:3 1.000
100:10:4-300:20:3 1.000
200:10:4-300:20:3 1.000
300:10:4-300:20:3 1.000
100:20:4-300:20:3 0.054
200:20:4-300:20:3 0.054
300:20:4-300:20:3 1.000
200:10:4-100:10:4 1.000
300:10:4-100:10:4 1.000
100:20:4-100:10:4 0.054
200:20:4-100:10:4 0.054
300:20:4-100:10:4 1.000
300:10:4-200:10:4 1.000
100:20:4-200:10:4 0.002
200:20:4-200:10:4 0.002
300:20:4-200:10:4 0.990

100:20:4-300:10:4 0.054
200:20:4-300:10:4 0.054
300:20:4-300:10:4 1.000
200:20:4-100:20:4 1.000
300:20:4-100:20:4 0.291
300:20:4-200:20:4 0.291
```

これらの中から，５％の有意水準で有意差のある平均対のみを出力すると以下のようになる。

```
> mpair <- attributes(p)$dimnames[[1]]
> noquote(cbind(mpair[p<0.05], p[p<0.05]))
      [,1]                [,2]
 [1,] 300:20:1-100:10:1 0
 [2,] 100:20:1-200:10:1 0.019
 [3,] 300:20:1-200:10:1 0
 [4,] 100:20:2-200:10:1 0.019
 [5,] 200:20:2-200:10:1 0.006
 [6,] 100:10:3-200:10:1 0.019
 [7,] 100:20:3-200:10:1 0.006
 [8,] 100:20:4-200:10:1 0
 [9,] 200:20:4-200:10:1 0
[10,] 300:20:1-300:10:1 0
[11,] 300:10:3-100:20:1 0.019
[12,] 300:20:1-200:20:1 0
[13,] 100:10:2-300:20:1 0
[14,] 200:10:2-300:20:1 0
[15,] 300:10:2-300:20:1 0.006
[16,] 200:10:3-300:20:1 0
[17,] 300:10:3-300:20:1 0
[18,] 200:20:3-300:20:1 0.002
[19,] 300:20:3-300:20:1 0
[20,] 100:10:4-300:20:1 0
[21,] 200:10:4-300:20:1 0
[22,] 300:10:4-300:20:1 0
[23,] 300:20:4-300:20:1 0
[24,] 200:20:2-200:10:2 0.019
[25,] 100:20:3-200:10:2 0.019
[26,] 100:20:4-200:10:2 0
[27,] 200:20:4-200:10:2 0
[28,] 300:10:3-100:20:2 0.019
[29,] 300:10:3-200:20:2 0.006
[30,] 300:10:3-100:10:3 0.019
[31,] 100:20:3-300:10:3 0.006
[32,] 100:20:4-300:10:3 0
[33,] 200:20:4-300:10:3 0
[34,] 100:20:4-200:10:4 0.002
[35,] 200:20:4-200:10:4 0.002
```

7　Rで3要因分散分析（対応のある場合）

1　1要因（要因C）において対応のある3要因分散分析

1）1要因（要因C）において対応のある3要因分散分析の考え方

1要因において対応のある3要因分散分析は，3要因のうちの1つの要因が被験者内要因である3要因分散分析である。ここでは，要因Cを被験者内要因，要因A，Bが被験者間要因である場合を考える。要因Cが被験者内要因であるので，要因C内のすべての水準に同じ被験者が割り当てられる。よって，全被験者数はセル内の被験者数×要因Aの水準数×要因Bの水準数で，表6-1を要因Cにおいて対応のある3要因分散分析と考えると，5×3×2＝30人である。30人の被験者がA_1B_1，A_2B_1，A_3B_1，A_1B_2，A_2B_2，A_3B_2の6条件に各5人ずつ割り当てられ，各条件において，各5人の被験者がC_1，C_2，C_3，C_4条件の被験者となる。よって，この場合の全変動（SS_t）は，被験者間変動（$SS_{between}$）と被験者内変動（SS_{within}）に分解される。そして，被験者間変動は，要因Aの主効果（SS_a），要因Bの主効果（SS_b），要因AとBの交互作用（SS_{ab}），被験者間誤差（$SS_{e.between}$）に分解される。同様にして，被験者内変動は，要因Cの主効果（SS_c），要因AとCの交互作用（SS_{ac}），要因BとCの交互作用（SS_{bc}），要因AとBとCの交互作用（SS_{abc}），被験者内誤差（$SS_{e.within}$）に分解される。これらの変動因を分散分析する際には，被験者間変動因に関しては，被験者間誤差の不偏分散（$MS_{e.between}$）を使用し，被験者内変動因に関しては，被験者内誤差の不偏分散（$MS_{e.within}$）を使用する。表6-1のデータを要因Cにおいて対応のある3要因分散分析のデータとみなして，分散分析を行うと表7-1の結果を得る。表6-4と表7-1を比較してわかるように，誤差が被験者間誤差と被験者内誤差に分解され，被験者間変動に関しては被験者間誤差を使用し，被験者内変動に関しては，被験者内誤差を使用している以外は基本的には同じである。

$$\begin{aligned} SS_t &= SS_{between} + SS_{within} \\ &= (SS_a + SS_b + SS_{ab} + SS_{e.between}) + (SS_c + SS_{ac} + SS_{bc} + SS_{abc} + SS_{e.within}) \end{aligned} \quad (7\text{-}1)$$

$$SS_t = \sum_{i=1}^{m_a}\sum_{j=1}^{m_b}\sum_{k=1}^{m_c}\sum_{l=1}^{n}(x_{ijkl} - \overline{x}_{....})^2$$

$$SS_{between} = \sum_{i=1}^{m_a}\sum_{j=1}^{m_b}\sum_{k=1}^{m_c}\sum_{l=1}^{n}(\overline{x}_{ij.l} - \overline{x}_{....})^2$$

$$SS_{within} = \sum_{i=1}^{m_a}\sum_{j=1}^{m_b}\sum_{k=1}^{m_c}\sum_{l=1}^{n}(x_{ijkl} - \overline{x}_{ij.l})^2$$

$$SS_e = SS_{e.between} + SS_{e.within} = SS_{e.ab} + SS_{e.c}$$
$$= \sum_{i=1}^{m_a}\sum_{j=1}^{m_b}\sum_{k=1}^{m_c}\sum_{l=1}^{n}(\bar{x}_{ij.l} - \bar{x}_{ij..})^2 + \sum_{i=1}^{m_a}\sum_{j=1}^{m_b}\sum_{k=1}^{m_c}\sum_{l=1}^{n}(x_{ijkl} - \bar{x}_{ijk.} - \bar{x}_{ij.l} + \bar{x}_{ij..})^2 \quad (7\text{-}2)$$

$$df_{between} = m_a m_b n - 1$$
$$df_{within} = m_a m_b n (m_c - 1)$$
$$df_{e.between} = df_{e.ab} = m_a m_b (n - 1)$$
$$df_{e.within} = df_{e.c} = m_a m_b (n - 1)(m_c - 1) \quad (7\text{-}3)$$

$$MS_{e.between} = MS_{e.ab} = SS_{e.between}/df_{e.between}$$
$$MS_{e.within} = MS_{e.c} = SS_{e.within}/df_{e.within} \quad (7\text{-}4)$$

SS_a，SS_b，SS_c，SS_{ab}，SS_{ac}，SS_{bc}，SS_{abc} に関しては式（6-2），df_a，df_b，df_c，df_{ab}，df_{ac}，df_{bc}，df_{abc} に関しては式（6-3），MS_a，MS_b，MS_c，MS_{ab}，MS_{ac}，MS_{bc}，MS_{abc} に関しては式（6-4）の場合と同じである。

$$F_a = MS_a/MS_{\text{e.between}}$$
$$F_b = MS_b/MS_{\text{e.between}}$$
$$F_c = MS_c/MS_{\text{e.within}}$$
$$F_{ab} = MS_{ab}/MS_{\text{e.between}}$$
$$F_{ac} = MS_{ac}/MS_{\text{e.within}}$$
$$F_{bc} = MS_{bc}/MS_{\text{e.within}}$$
$$F_{abc} = MS_{abc}/MS_{\text{e.within}} \quad (7\text{-}5)$$

図7-1は，1要因（要因C）において対応のある場合の3要因分散分析の全変動の構成を表す。主効果A，主効果Bは対応がないので被験者間変動に属し，それらを検定する際の誤差は被験者間誤差であるのに対し，主効果C，交互作用AC，交互作用BC，および交互作用ABCは被験者内変動に属し，それらを検定する際の誤差は，被験者内誤差となる。

表7-1　1要因（要因C）において対応のある3要因分散分析表

変動因	平方和（SS）	自由度（df）	不偏分散（MS）	F	P
被験者間変動	$SS_{between}$	$df_{between}$			
主効果A	$SS_a = 11.32$	$df_a = 2$	$MS_a = 5.66$	$F_a = 4.257$	$P_a = 0.0262$
主効果B	$SS_b = 58.80$	$df_b = 1$	$MS_b = 58.80$	$F_b = 44.238$	$P_b = 7.03e\text{-}07$
交互作用AB	$SS_{ab} = 0.95$	$df_{ab} = 2$	$MS_{ab} = 0.48$	$F_{ab} = 0.357$	$P_{ab} = 0.7032$
被験者間誤差	$SS_{e.between} = 31.90$	$df_{e.between} = 24$	$MS_{e.between} = 1.33$		
被験者内変動	SS_{within}	df_{within}			
主効果C	$SS_c = 1.13$	$df_c = 3$	$MS_c = 0.378$	$F_c = 0.522$	$P_c = 0.668469$
交互作用AC	$SS_{ac} = 39.22$	$df_{ac} = 6$	$MS_{ac} = 6.536$	$F_{ac} = 9.033$	$P_{ac} = 2.35e\text{-}07$
交互作用BC	$SS_{bc} = 8.47$	$df_{bc} = 3$	$MS_{bc} = 2.822$	$F_{bc} = 3.900$	$P_{bc} = 0.012191$
交互作用ABC	$SS_{abc} = 21.58$	$df_{abc} = 6$	$MS_{abc} = 3.597$	$F_{abc} = 4.971$	$P_{abc} = 0.000262$
被験者内誤差	$SS_{e.within} = 52.10$	$df_{e.within} = 72$	$MS_{e.within} = 0.724$		
全変動	$SS_t = 225.47$	$df_t = 119$			

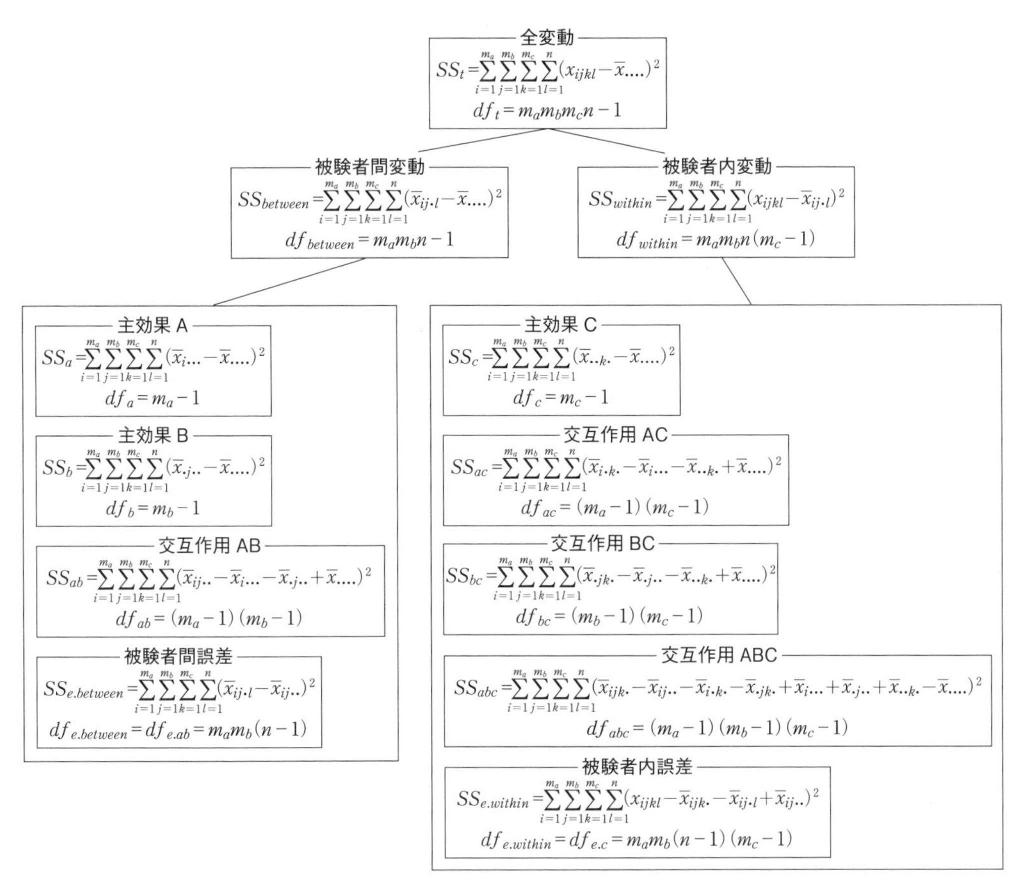

図 7-1　1 要因（要因 C）において対応のある 3 要因分散分析の全変動の構成

2) R で 1 要因（要因 C）において対応のある 3 要因分散分析を行う

1 要因において対応のある 3 要因分散分析における被験者の割り当ては，以下に示す表 7-2，表 7-3，表 7-4 に示される。

表 7-2　1 要因（要因 A）において対応がある 3 要因分散分析の被験者の割り当て

要因 A	A_1								A_2								A_3							
要因 B	B_1				B_2				B_1				B_2				B_1				B_2			
要因 C	C_1	C_2	C_3	C_4	C_1	C_2	C_3	C_4	C_1	C_2	C_3	C_4	C_1	C_2	C_3	C_4	C_1	C_2	C_3	C_4	C_1	C_2	C_3	C_4
被験者	1	6	11	16	21	26	31	36	1	6	11	16	21	26	31	36	1	6	11	16	21	26	31	36
	2	7	12	17	22	27	32	37	2	7	12	17	22	27	32	37	2	7	12	17	22	27	32	37
	3	8	13	18	23	28	33	38	3	8	13	18	23	28	33	38	3	8	13	18	23	28	33	38
	4	9	14	19	24	29	34	39	4	9	14	19	24	29	34	39	4	9	14	19	24	29	34	39
	5	10	15	20	25	30	35	40	5	10	15	20	25	30	35	40	5	10	15	20	25	30	35	40

表 7-3　1 要因（要因 B）において対応がある 3 要因分散分析の被験者の割り当て

要因 A	A_1								A_2								A_3							
要因 B	B_1				B_2				B_1				B_2				B_1				B_2			
要因 C	C_1	C_2	C_3	C_4	C_1	C_2	C_3	C_4	C_1	C_2	C_3	C_4	C_1	C_2	C_3	C_4	C_1	C_2	C_3	C_4	C_1	C_2	C_3	C_4
被験者	1	6	11	16	1	6	11	16	21	26	31	36	21	26	31	36	41	46	51	56	41	46	51	56
	2	7	12	17	2	7	12	17	22	27	32	37	22	27	32	37	42	47	52	57	42	47	52	57
	3	8	13	18	3	8	13	18	23	28	33	38	23	28	33	38	43	48	53	58	43	48	53	58
	4	9	14	19	4	9	14	19	24	29	34	39	24	29	34	39	44	49	54	59	44	49	54	59
	5	10	15	20	5	10	15	20	25	30	35	40	25	30	35	40	45	50	55	60	45	50	55	60

表 7-4　1要因（要因C）において対応がある3要因分散分析の被験者の割り当て

要因A	A1								A2								A3							
要因B	B1				B2				B1				B2				B1				B2			
要因C	C_1	C_2	C_3	C_4	C_1	C_2	C_3	C_4	C_1	C_2	C_3	C_4	C_1	C_2	C_3	C_4	C_1	C_2	C_3	C_4	C_1	C_2	C_3	C_4
被験者	1	1	1	1	6	6	6	6	11	11	11	11	16	16	16	16	21	21	21	21	26	26	26	26
	2	2	2	2	7	7	7	7	12	12	12	12	17	17	17	17	22	22	22	22	27	27	27	27
	3	3	3	3	8	8	8	8	13	13	13	13	18	18	18	18	23	23	23	23	28	28	28	28
	4	4	4	4	9	9	9	9	14	14	14	14	19	19	19	19	24	24	24	24	29	29	29	29
	5	5	5	5	10	10	10	10	15	15	15	15	20	20	20	20	25	25	25	25	30	30	30	30

表7-4の要因3（要因C）において対応のある場合の3要因分散分析の被験者の割り当てを使用して分散分析を行うと，以下のようになる。

```
> data <- c(8, 7, 7, 6, 7, 8, 7, 8, 6, 7, 7, 5, 6, 5, 6, 8, 8, 7, 8, 5,
5, 5, 7, 6, 6, 6, 6, 7, 5, 5, 5, 5, 6, 5, 7, 7, 5, 5, 4, 4, 9, 7, 8, 9,
8, 9, 7, 8, 7, 9, 8, 8, 6, 7, 6, 7, 9, 7, 7, 9, 9, 7, 8, 5, 7, 6, 5, 6,
5, 6, 7, 6, 7, 8, 5, 6, 4, 6, 4, 5, 7, 7, 8, 6, 8, 6, 7, 6, 6, 7, 9, 8,
9, 8, 7, 8, 7, 8, 6, 7, 5, 4, 4, 3, 3, 6, 7, 6, 6, 5, 8, 8, 7, 6, 7, 7,
8, 7, 6, 6)
> cond1 <- c(1, 1, 1, 1, 1, 1, 1, 1, 1, 1, 1, 1, 1, 1, 1, 1, 1, 1, 1, 1,
1, 1, 1, 1, 1, 1, 1, 1, 1, 1, 1, 1, 1, 1, 1, 1, 1, 1, 1, 1, 2, 2, 2, 2,
2, 2, 2, 2, 2, 2, 2, 2, 2, 2, 2, 2, 2, 2, 2, 2, 2, 2, 2, 2, 2, 2, 2, 2,
2, 2, 2, 2, 2, 2, 2, 2, 2, 2, 2, 2, 3, 3, 3, 3, 3, 3, 3, 3, 3, 3, 3, 3,
3, 3, 3, 3, 3, 3, 3, 3, 3, 3, 3, 3, 3, 3, 3, 3, 3, 3, 3, 3, 3, 3, 3, 3,
3, 3, 3, 3)*100
> cond2 <- c(1, 1, 1, 1, 1, 1, 1, 1, 1, 1, 1, 1, 1, 1, 1, 1, 1, 1, 1, 1,
2, 2, 2, 2, 2, 2, 2, 2, 2, 2, 2, 2, 2, 2, 2, 2, 2, 2, 2, 2, 1, 1, 1, 1,
1, 1, 1, 1, 1, 1, 1, 1, 1, 1, 1, 1, 1, 1, 1, 1, 2, 2, 2, 2, 2, 2, 2, 2,
2, 2, 2, 2, 2, 2, 2, 2, 2, 2, 2, 2, 1, 1, 1, 1, 1, 1, 1, 1, 1, 1, 1, 1,
1, 1, 1, 1, 1, 1, 1, 1, 2, 2, 2, 2, 2, 2, 2, 2, 2, 2, 2, 2, 2, 2, 2, 2,
2, 2, 2, 2)*10
> cond3 <- c(1, 1, 1, 1, 1, 2, 2, 2, 2, 2, 3, 3, 3, 3, 3, 4, 4, 4, 4, 4,
1, 1, 1, 1, 1, 2, 2, 2, 2, 2, 3, 3, 3, 3, 3, 4, 4, 4, 4, 4, 1, 1, 1, 1,
1, 2, 2, 2, 2, 2, 3, 3, 3, 3, 3, 4, 4, 4, 4, 4, 1, 1, 1, 1, 1, 2, 2, 2,
2, 2, 3, 3, 3, 3, 3, 4, 4, 4, 4, 4, 1, 1, 1, 1, 1, 2, 2, 2, 2, 2, 3, 3,
3, 3, 3, 4, 4, 4, 4, 4, 1, 1, 1, 1, 1, 2, 2, 2, 2, 2, 3, 3, 3, 3, 3, 4,
4, 4, 4, 4)
 >
 > fc1 <- factor(cond1)
 > fc2 <- factor(cond2)
 > fc3 <- factor(cond3)
```

```
 > fc12 <- factor(cond1+cond2)
 > fc123 <- factor(cond1+cond2+cond3)
>
sub31 <- c(1, 2, 3, 4, 5, 1, 2, 3, 4, 5, 1, 2, 3, 4, 5, 1, 2, 3, 4, 5,
6, 7, 8, 9, 10, 6, 7, 8, 9, 10, 6, 7, 8, 9, 10, 6, 7, 8, 9, 10, 11, 12,
13, 14, 15, 11, 12, 13, 14, 15, 11, 12, 13, 14, 15, 11, 12, 13, 14, 15,
16, 17, 18, 19, 20, 16, 17, 18, 19, 20, 16, 17, 18, 19, 20, 16, 17, 18,
19, 20, 21, 22, 23, 24, 25, 21, 22, 23, 24, 25, 21, 22, 23, 24, 25, 21,
22, 23, 24, 25, 26, 27, 28, 29, 30, 26, 27, 28, 29, 30, 26, 27, 28, 29,
30, 26, 27, 28, 29, 30)
>
> fs <- factor(sub31)
> summary(aov(data ~ fc1*fc2*fc3+Error(fs+fs:fc3+fs:fc1:fc3+fs:fc2:fc3
+fs:fc1:fc2:fc3)))
```

----- 出力 ---

```
Error: fs
          Df Sum Sq Mean Sq F value    Pr(>F)
fc1        2  11.32   5.66   4.257  0.0262 *
fc2        1  58.80  58.80  44.238  7.03e-07 ***
fc1:fc2    2   0.95   0.48   0.357  0.7032
Residuals 24  31.90   1.33
---
Signif. codes:  0 '***' 0.001 '**' 0.01 '*' 0.05 '.' 0.1 ' ' 1

Error: fs:fc3
          Df Sum Sq Mean Sq F value    Pr(>F)
fc3            3   1.13   0.378   0.522   0.668469
fc1:fc3        6  39.22   6.536   9.033   2.35e-07 ***
fc2:fc3        3   8.47   2.822   3.900   0.012191 *
fc1:fc2:fc3    6  21.58   3.597   4.971   0.000262 ***
Residuals     72  52.10   0.724
---
Signif. codes:  0 '***' 0.001 '**' 0.01 '*' 0.05 '.' 0.1 ' ' 1
```

警告メッセージ：

```
aov(data ~ fc1 * fc2 * fc3 + Error(fs + fs:fc1 + fs:fc2 + で：
Error() model is singular
```

警告メッセージが出るが，直接計算に基づく表7-1の結果と一致するので，問題はないと思われる。

分散分析の結果より，要因1および要因2の主効果（主効果A，主効果B），要因1と要因3の間の1次の交互作用，要因2と要因3の間の1次の交互作用，および，要因1と要因2と要因3の間の2次の交互作用が5％の有意水準で有意である。よって，これらの主効果，単純主効果（A[C]，C[A]，B[C]，C[B]），単純・単純主効果（A[BC]，A[CB]，B[AC]，B[CA]，C[AB]，C[BA]）の多重比較を行うことになる。

3）Rで1要因（要因C）において対応のある3要因分散分析後の多重比較

多重比較を行うにあたって，要因Cにおいて対応があるので，3要因全体に対してTukeyHSDは使用できない。そこで，対応のない平均対に関しては，TukeyHSDを使用し，対応のある平均対に関してはBonferroniの方法を使用するという混合型の検定と，比較の対象とする要因全体に対して，対応のある場合もない場合も使用可能なBonferroniの方法を使用するという同じ検定方法を使用しての同一型の検定が考えられる。いずれがよいのか，検定方法の一貫性を重視するか，検定力を重視するかの問題であろう。ここではBonferroniの方法で対応のない場合と対応のある場合の検定を行う。表7-4において，要因Cの水準は対応がある平均対であるので，A_1B_1，A_1B_2，A_2B_1，A_2B_2，A_3B_1，A_3B_2の各要因内での平均対の比較に関しては，Bonferroniの方法を使用する。簡略化のために，上述した6つの要因を順に，110，120，210，220，310，320とする。ただし，100の位の数字は要因1の水準を，10の位の数字は要因2の水準を，そして，1の位の数字は要因3の水準を示す。水準の数字が0の場合は，その要因内のすべての水準を意味する。

1）主効果の多重比較

主効果Aの多重比較は，以下の順に行う。

①要因2と要因3をこみにした平均を被験者ごとに計算する。

```
> cond1+sub31*0.01
  [1] 100.01 100.02 100.03 100.04 100.05 100.01 100.02 100.03 100.04 100.05
 [11] 100.01 100.02 100.03 100.04 100.05 100.01 100.02 100.03 100.04 100.05
 [21] 100.06 100.07 100.08 100.09 100.10 100.06 100.07 100.08 100.09 100.10
 [31] 100.06 100.07 100.08 100.09 100.10 100.06 100.07 100.08 100.09 100.10
 [41] 200.11 200.12 200.13 200.14 200.15 200.11 200.12 200.13 200.14 200.15
 [51] 200.11 200.12 200.13 200.14 200.15 200.11 200.12 200.13 200.14 200.15
 [61] 200.16 200.17 200.18 200.19 200.20 200.16 200.17 200.18 200.19 200.20
 [71] 200.16 200.17 200.18 200.19 200.20 200.16 200.17 200.18 200.19 200.20
 [81] 300.21 300.22 300.23 300.24 300.25 300.21 300.22 300.23 300.24 300.25
 [91] 300.21 300.22 300.23 300.24 300.25 300.21 300.22 300.23 300.24 300.25
[101] 300.26 300.27 300.28 300.29 300.30 300.26 300.27 300.28 300.29 300.30
[111] 300.26 300.27 300.28 300.29 300.30 300.26 300.27 300.28 300.29 300.30
> data_1.. <- tapply(data, cond1+sub31*0.01, mean)
> data_1..
100.01 100.02 100.03 100.04 100.05 100.06 100.07 100.08 100.09 100.1  200.11
  7.75   6.75   7.00   6.25   6.25   5.75   5.25   6.25   5.00   5.50   8.25
```

```
200.12 200.13 200.14 200.15 200.16 200.17 200.18 200.19 200.2  300.21 300.22
  7.75   7.25   7.50   8.00   7.00   5.50   6.75   5.50   5.75   7.50   7.25
300.23 300.24 300.25 300.26 300.27 300.28 300.29  300.3
  7.75   6.50   7.25   6.50   6.75   6.00   5.25   5.25
```

上の出力の data_1.. の上の段は，属性を意味し，下の段はそれに対応する平均値を意味する。属性の数字のうち，小数点の左側の数字は，要因属性，右側の数字は被験者番号を意味する。たとえば，100.01 の 100 は要因属性，01 は被験者番号を意味する。

②要因2と要因3を込みにした平均の属性を定義する。

```
> cond1[cond3==1]
 [1] 100 100 100 100 100 100 100 100 100 100 200 200 200 200 200 200 200 200
[19] 200 200 300 300 300 300 300 300 300 300 300 300
> cg_1.. <- cond1[cond3==1]
```

③対応のない Bonferroni の方法で多重比較を行う。

```
> pairwise.t.test(data_1.., cg_1.., "bonferroni", F)
       Pairwise comparisons using t tests with non-pooled SD

data:  data_1.. and cg_1..

    100  200
200 0.28 -
300 0.86 1.00

P value adjustment method: bonferroni
```

④名義的有意水準（α'）を算出し，有意差のある平均対を選び出す。

$\alpha' = 0.05/3 = 0.01666667$。よって，5％の有意水準で有意差なしである。

分散分析では，主効果 A は，5％有意水準で有意差があったが，多重比較では有意差がある平均対は存在しなかった。試みに，TukeyHSD を使用して多重比較を行う。

```
> TukeyHSD(aov(data_1.. ~ factor(cg_1..)))
  Tukey multiple comparisons of means
    95% family-wise confidence level

Fit: aov(formula = data_1.. ~ factor(cg_1..))

$`factor(cg_1..)`
```

```
          diff        lwr        upr        p adj
200-100  0.750  -0.2714546  1.7714546  0.1820476
300-100  0.425  -0.5964546  1.4464546  0.5637921
300-200 -0.325  -1.3464546  0.6964546  0.7129318
```

結局，TukeyHSDによっても，主効果Aの多重比較では有意な平均対は存在しなかった。この理由として，分散分析では3要因をもとに検定をしているが，Bonferroniの方法では，1要因レベルでの検定になること，検定に使用する分布が異なることなどによるのであろう。3要因において対応がない場合は，TukeyHSDを使用できるので，分散分析とより近い設定で分析できるが，いずれかの要因において対応がある場合は，要因の数が3要因から1要因へ縮小されるので，分散分析の結果との間に不一致が生じるのであろう。

2）単純主効果の多重比較

要因1と要因3の間の1次の交互作用が有意であるので，単純主効果の検定を行い，それが有意であれば，さらに単純主効果の多重比較を行う。単純主効果は，$A[C_1]$，$A[C_2]$，$A[C_3]$，$A[C_4]$，$C[A_1]$，$C[A_2]$，$C[A_3]$の7種類である。まず，$A[C_1]$の単純主効果の検定を以下の順序で行う。

①第3要因の水準1（C_1）をもとに第1要因に属するデータを集める。

```
> fc1_cg1.1<-fc1[fc3==1]
```

②fc_cg1.1に対応するデータを選択する。

```
>data_cg1.1<-data[fc3==1]
```

③対応のないBonferroniの方法で多重比較を行う。

```
> pairwise.t.test(data_cg1.1, fc1_cg1.1, "bonferroni", F)

        Pairwise comparisons using t tests with non-pooled SD

data:  data_cg1.1 and fc1_cg1.1
       100    200
200  0.056    -
300  0.644  0.027

P value adjustment method: bonferroni
```

④名義的有意水準（α'）を算出し，有意な平均対を選ぶ。$\alpha' = 0.05/3 = 0.01666667$。

よって，5％の有意水準で有意差なし。同様にして他のグループについても行う。

3）単純・単純主効果の多重比較

例としてA_1B_1要因内での対応のある場合の平均対の多重比較を行う。まず，dataの中から，

fc12 = 110 となるデータを選択し，それを data.cg11 とする。そして，fc123 の中から fc12 = 110 となる属性を選択し，cg11 とする。ただし，cg は対応があるグループを，ncg は対応がないグループを表すことにする。以下に cg11 に関して対応のある Bonferroni の方法で検定を行う。

```
> data.cg11 <- data[fc12==110]
> data.cg11
 [1] 8 7 7 6 7 8 7 8 6 7 7 5 6 5 6 8 8 7 8 5
> f123.cg11 <- fc123[fc12==110]
> f123.cg11
 [1] 111 111 111 111 111 112 112 112 112 112 113 113 113 113 113 114 114 114
[19] 114 114
24 Levels: 111 112 113 114 121 122 123 124 211 212 213 214 221 222 ... 324
> pairwise.t.test(data.cg11, f123.cg11, p.adjust.method="bonferroni",
  paired=T)
```

```
        Pairwise comparisons using paired t tests

data:  data.cg11 and f123.cg11

     111    112    113
112 1.000   -      -
113 0.023  0.028   -
114 1.000  1.000  0.808

P value adjustment method: bonferroni
```

平均対数= 6 なので，$\alpha' = 0.05/6 = 0.008333333$。よって，いずれの平均対の差も 5 %の有意水準で有意差なし。

次に，対応のない場合の Bonferroni の方法を行う。互いに対応のない水準は，次の 16 グループの各グループ内の 6 水準の組み合わせである。

```
g11=(111, 121, 211, 221, 311, 321), g22=(112, 122, 212, 222, 312, 322)
g33=(113, 123, 213, 223, 313, 323), g44=(114, 124, 214, 224, 314, 324)
g12=(111, 122, 212, 222, 312, 322), g13=(111, 123, 213, 223, 313, 323)
g14=(111, 124, 214, 224, 314, 324), g21=(112, 121, 211, 221, 311, 321)
g23=(112, 123, 213, 223, 313, 323), g24=(112, 124, 214, 224, 314, 324)
g31=(113, 121, 211, 221, 311, 321), g32=(113, 122, 212, 222, 312, 322)
g34=(113, 124, 214, 224, 314, 324), g41=(114, 121, 211, 221, 311, 321)
g42=(114, 122, 212, 222, 312, 322), g43=(114, 123, 213, 223, 313, 323)
```

各グループ内の平均対の数は 6*5/2 = 15 個。よって，名義的有意水準は $\alpha' = 0.05/15 = 0.003333333$。すべてのグループの水準間の多重比較を行うと，第1種のエラーが増加するので，この中で必要最小限のグループを選んで多重比較を行うのがよいであろう。例として，グループ11について対応のないBonferroniの方法を使用すると以下のようになる。

```
> ncg11 <- c(111, 121, 211, 221, 311, 321)
> data.ncg11 <- data[fc123==ncg11[1] | fc123==ncg11[2] |
  fc123==ncg11[3] | fc123==ncg11[4] | fc123==ncg11[5] | fc123==ncg11[6] ]
> fc123.ncg11 <- fc123[fc123==ncg11[1] | fc123==ncg11[2] |
 fc123==ncg11[3] | fc123==ncg11[4] | fc123==ncg11[5] | fc123==ncg11[6] ]
> pairwise.t.test(data.ncg11, fc123.ncg11, p.adjust.m
  ethod="bonferroni")

        Pairwise comparisons using t tests with pooled SD

data:  data.nc11 and fc123.nc11

     111     121     211     221     311
121  0.88612 -       -       -       -
211  0.88612 0.00867 -       -       -
221  1.00000 0.44507 1.00000 -       -
311  1.00000 0.44507 1.00000 1.00000 -
321  0.00030 0.04486 2.5e-06 0.00013 0.00013

P value adjustment method: bonferroni
```

よって，111と321，211と321，221と321，311と321の平均対の間に5％の有意水準で有意差あり。他のグループの平均対の比較も必要であれば，同様に行う。

2　2要因（要因Bと要因C）において対応のある3要因分散分析

1）2要因（要因Bと要因C）において対応のある3要因分散分析の考え方

2要因において対応のある3要因分散分析は，2要因が被験者内要因，1要因が被験者間要因の3要因分散分析である。全被験者数はセル内の被験者数×要因Aの水準数であり，表6-1を要因BおよびCにおいて対応のある3要因分散分析と考えると，$5 \times 3 = 15$名である。要因Bおよび要因Cを被験者内要因とすると，全変動は以下のように分解される。被験者間要因である要因Aを検定する際には被験者間誤差（$SS_{e.a}$）を使用し，被験者内要因である要因Bおよび交互作用ABに関しては被験者内誤差（$SS_{e.b}$）を使用して，被験者内要因である要因Cおよび交互作用ACに関しては，被験者内誤差（$SS_{e.c}$）を使用して，交互作用ABCに関しては被験者内誤差（$SS_{e.bc}$）を使用して検定を行うのである。表6-1のデータを用いて分散分析を行うと，表7-5を得る。

表 7-5　2 要因（要因 B と C）において対応のある 3 要因分散分析表

変動因	平方和	自由度	不偏分散	F	P
被験者間変動	$SS_{between}$	$df_{between}$			
主効果 A	$SS_a = 11.32$	$df_a = 2$	$MS_a = 5.658$	$F_a = 3.065$	$P_a = 0.0841$
誤差 A	$SS_{e.a} = 22.15$	$df_{e.a} = 12$	$MS_{e.a} = 1.846$		
被験者内変動	SS_{within}	df_{within}			
主効果 B	$SS_b = 58.80$	$df_b = 1$	$MS_b = 58.80$	$F_b = 72.369$	$P_b = 1.99e{-}06$
交互作用 AB	$SS_{ab} = 0.95$	$df_{ab} = 2$	$MS_{ab} = 0.48$	$F_{ab} = 0.585$	$P_{ab} = 0.572$
誤差 B	$SS_{e.b} = 9.75$	$df_{e.b} = 12$	$MS_{e.b} = 0.81$		
主効果 C	$SS_c = 1.133$	$df_c = 3$	$MS_c = 0.378$	$F_c = 0.492$	$P_c = 0.69$
交互作用 AC	$SS_{ac} = 39.22$	$df_{ac} = 6$	$MS_{ac} = 6.536$	$F_{ac} = 8.510$	$P_{ac} = 8.79e{-}06$
誤差 C	$SS_{e.c} = 27.65$	$df_{e.c} = 36$	$MS_{e.c} = 0.768$		
交互作用 BC	$SS_{bc} = 8.467$	$df_{bc} = 3$	$MS_{bc} = 2.822$	$F_{bc} = 4.155$	$P_{bc} = 0.012578$
交互作用 ABC	$SS_{abc} = 21.583$	$df_{abc} = 6$	$MS_{abc} = 3.597$	$F_{abc} = 5.297$	$P_{abc} = 0.000532$
誤差 BC	$SS_{e.bc} = 24.450$	$df_{e.bc} = 36$	$MS_{e.bc} = 0.679$		
全変動	$SS_t = 225.467$	$df_t = 119$			

$$\begin{aligned} SS_t &= SS_{between} + SS_{within} \\ &= (SS_a + SS_{e.a}) + (SS_b + SS_{ab} + SS_{e.b} + SS_c + SS_{ac} + SS_{e.c} + SS_{bc} + \\ &\quad SS_{abc} + SS_{e.bc}) \end{aligned} \tag{7-6}$$

$$\begin{aligned} SS_{between} &= \sum_{i=1}^{m_a}\sum_{j=1}^{m_b}\sum_{k=1}^{m_c}\sum_{l=1}^{n}(\overline{x}_{i..l} - \overline{x}_{....})^2 \\ SS_{within} &= \sum_{i=1}^{m_a}\sum_{j=1}^{m_b}\sum_{k=1}^{m_c}\sum_{l=1}^{n}(x_{ijkl} - \overline{x}_{i..l})^2 \\ SS_e &= SS_{e.between} + SS_{e.within} = SS_{e.a} + (SS_{e.b} + SS_{e.c} + SS_{e.bc}) \\ SS_{e.a} &= \sum_{i=1}^{m_a}\sum_{j=1}^{m_b}\sum_{k=1}^{m_c}\sum_{l=1}^{n}(\overline{x}_{i..l} - \overline{x}_{i...})^2 \\ SS_{e.b} &= \sum_{i=1}^{m_a}\sum_{j=1}^{m_b}\sum_{k=1}^{m_c}\sum_{l=1}^{n}(\overline{x}_{ij.l} - \overline{x}_{ij..} - \overline{x}_{i..l} + \overline{x}_{i...})^2 \\ SS_{e.c} &= \sum_{i=1}^{m_a}\sum_{j=1}^{m_b}\sum_{k=1}^{m_c}\sum_{l=1}^{n}(\overline{x}_{i.kl} - \overline{x}_{i.k.} - \overline{x}_{i..l} + \overline{x}_{i...})^2 \\ SS_{e.bc} &= \sum_{i=1}^{m_a}\sum_{j=1}^{m_b}\sum_{k=1}^{m_c}\sum_{l=1}^{n}(x_{ijkl} - \overline{x}_{ijk.} - \overline{x}_{ij.l} - \overline{x}_{i.kl} + \overline{x}_{ij..} + \overline{x}_{i.k.} + \overline{x}_{i..l} - \overline{x}_{i...})^2 \end{aligned} \tag{7-7}$$

$$\begin{aligned} df_{between} &= m_a n - 1 \\ df_{within} &= m_a n(m_b m_c - 1) \\ df_{e.a} &= m_a(n-1) \\ df_{e.b} &= m_a(n-1)(m_b-1) \\ df_{e.c} &= m_a(n-1)(m_c-1) \\ df_{e.bc} &= m_a(n-1)(m_b-1)(m_c-1) \end{aligned} \tag{7-8}$$

$$MS_{e.a}=SS_{e.a}/df_{e.a}$$
$$MS_{e.b}=SS_{e.b}/df_{e.b}$$
$$MS_{e.c}=SS_{e.c}/df_{e.c}$$
$$MS_{e.bc}=SS_{e.bc}/df_{e.bc} \tag{7-9}$$

SS_a，SS_b，SS_c，SS_{ab}，SS_{ac}，SS_{bc}，SS_{abc} に関しては式（6-2），df_a，df_b，df_c，df_{ab}，df_{ac}，df_{bc}，df_{abc} に関しては式（6-3），MS_a，MS_b，MS_c，MS_{ab}，MS_{ac}，MS_{bc}，MS_{abc} に関しては式（6-4）の場合と同じである。

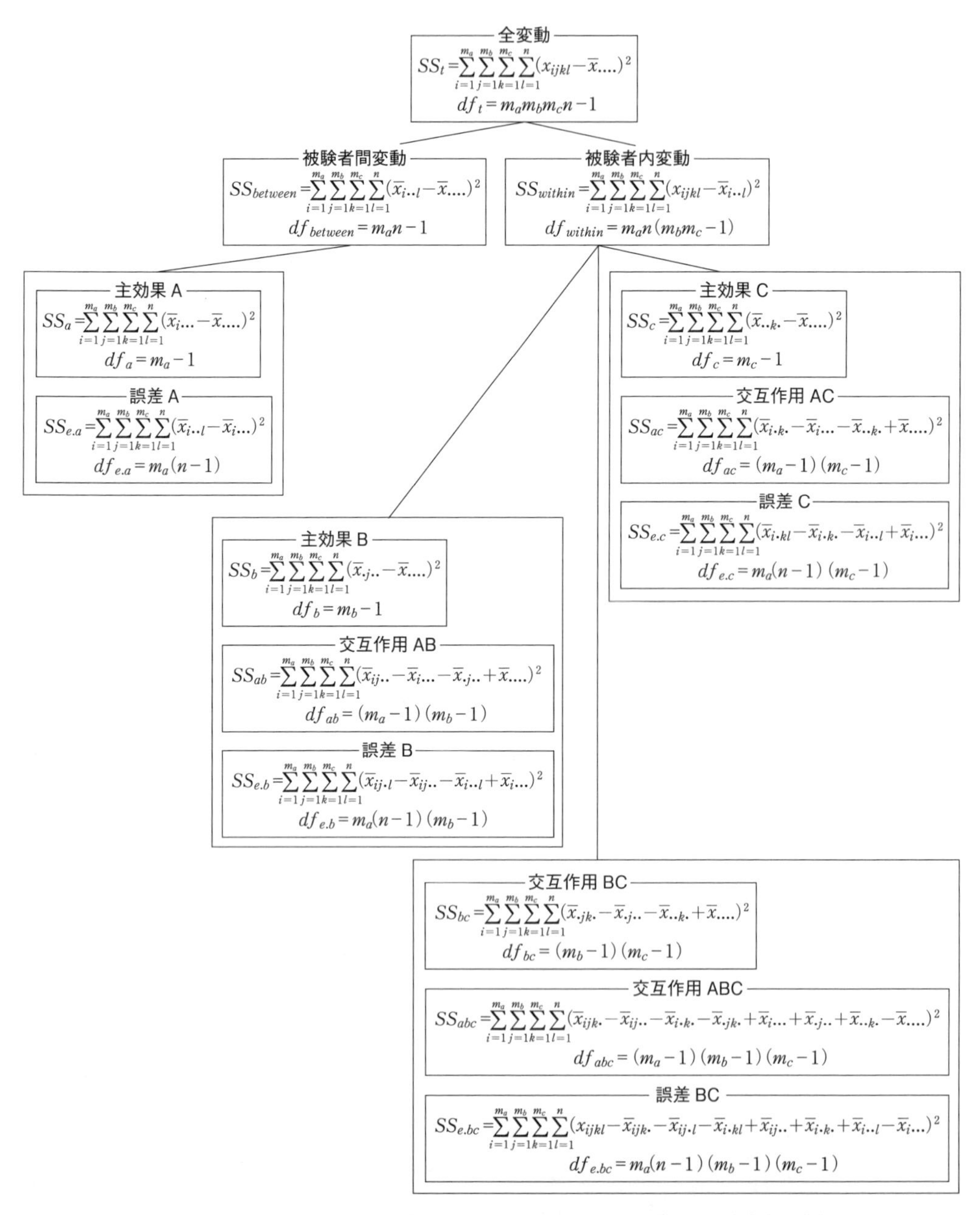

図 7-2　2要因（要因Bと要因C）において対応のある3要因分散分析の全変動の構成

$$F_a = MS_a/MS_{e.a}$$
$$F_b = MS_b/MS_{e.b}$$
$$F_c = MS_c/MS_{e.c}$$
$$F_{ab} = MS_{ab}/MS_{e.b}$$
$$F_{ac} = MS_{ac}/MS_{e.c}$$
$$F_{bc} = MS_{bc}/MS_{e.bc}$$
$$F_{abc} = MS_{abc}/MS_{e.bc} \qquad (7\text{-}10)$$

図7-2は，2要因（要因Bと要因C）において対応のある場合の3要因分散分析の全変動の構成を表す。対応のない要因Aの主効果Aおよび誤差Aが被験者間変動に属し，対応のある要因Bおよび要因Cの主効果B，主効果C，交互作用AB，交互作用AC，交互作用BC，交互作用ABC，誤差B，誤差C，誤差BCが被験者内変動に属する。交互作用BCおよび交互作用ABCは，対応要因が2つ影響を与えるので，誤差ABを検定の際に使用する。

2）Rで2要因（要因Bと要因C）において対応のある3要因分散分析を行う

2要因において対応がある場合は，要因AとBにおいて対応がある場合，要因AとCにおいて対応がある場合，要因BとCにおいて対応がある場合の3種類に分けられる。これらの各々についての被験者の割り当ては，それぞれ表7-6，表7-7，表7-8に示されている。

表7-6　2要因（要因AとB）において対応のある場合の被験者の割り当て

要因A	A_1								A_2								A_3							
要因B	B_1				B_2				B_1				B_2				B_1				B_2			
要因C	C_1	C_2	C_3	C_4	C_1	C_2	C_3	C_4	C_1	C_2	C_3	C_4	C_1	C_2	C_3	C_4	C_1	C_2	C_3	C_4	C_1	C_2	C_3	C_4
被験者	1	6	11	16	1	6	11	16	1	6	11	16	1	6	11	16	1	6	11	16	1	6	11	16
	2	7	12	17	2	7	12	17	2	7	12	17	2	7	12	17	2	7	12	17	2	7	12	17
	3	8	13	18	3	8	13	18	3	8	13	18	3	8	13	18	3	8	13	18	3	8	13	18
	4	9	14	19	4	9	14	19	4	9	14	19	4	9	14	19	4	9	14	19	4	9	14	19
	5	10	15	20	5	10	15	20	5	10	15	20	5	10	15	20	5	10	15	20	5	10	15	20

表7-7　2要因（要因AとC）において対応のある場合の被験者の割り当て

要因A	A_1								A_2								A_3							
要因B	B_1				B_2				B_1				B_2				B_1				B_2			
要因C	C_1	C_2	C_3	C_4	C_1	C_2	C_3	C_4	C_1	C_2	C_3	C_4	C_1	C_2	C_3	C_4	C_1	C_2	C_3	C_4	C_1	C_2	C_3	C_4
被験者	1	1	1	1	6	6	6	6	1	1	1	1	6	6	6	6	1	1	1	1	6	6	6	6
	2	2	2	2	7	7	7	7	2	2	2	2	7	7	7	7	2	2	2	2	7	7	7	7
	3	3	3	3	8	8	8	8	3	3	3	3	8	8	8	8	3	3	3	3	8	8	8	8
	4	4	4	4	9	9	9	9	4	4	4	4	9	9	9	9	4	4	4	4	9	9	9	9
	5	5	5	5	10	10	10	10	5	5	5	5	10	10	10	10	5	5	5	5	10	10	10	10

表7-8　2要因（要因BとC）において対応のある場合の被験者の割り当て

要因A	A_1								A_2								A_3							
要因B	B_1				B_2				B_1				B_2				B_1				B_2			
要因C	C_1	C_2	C_3	C_4	C_1	C_2	C_3	C_4	C_1	C_2	C_3	C_4	C_1	C_2	C_3	C_4	C_1	C_2	C_3	C_4	C_1	C_2	C_3	C_4
被験者	1	1	1	1	1	1	1	1	6	6	6	6	6	6	6	6	11	11	11	11	11	11	11	11
	2	2	2	2	2	2	2	2	7	7	7	7	7	7	7	7	12	12	12	12	12	12	12	12
	3	3	3	3	3	3	3	3	8	8	8	8	8	8	8	8	13	13	13	13	13	13	13	13
	4	4	4	4	4	4	4	4	9	9	9	9	9	9	9	9	14	14	14	14	14	14	14	14
	5	5	5	5	5	5	5	5	10	10	10	10	10	10	10	10	15	15	15	15	15	15	15	15

要因2（要因B）と要因3（要因C）において対応のある場合について，Rで3要因分散分析を行うと以下のようになる。

```
> data <- c(8, 7, 7, 6, 7, 8, 7, 8, 6, 7, 7, 5, 6, 5, 6, 8, 8, 7, 8, 5,
5, 5, 7, 6, 6, 6, 6, 7, 5, 5, 5, 5, 6, 5, 7, 7, 5, 5, 4, 4, 9, 7, 8, 9,
8, 9, 7, 8, 7, 9, 8, 8, 6, 7, 6, 7, 9, 7, 7, 9, 9, 7, 8, 5, 7, 6, 5, 6,
5, 6, 7, 6, 7, 8, 5, 6, 4, 6, 4, 5, 7, 7, 8, 6, 8, 6, 7, 6, 6, 7, 9, 8,
9, 8, 7, 8, 7, 8, 6, 7, 5, 4, 4, 3, 3, 6, 7, 6, 6, 5, 8, 8, 7, 6, 7, 7,
8, 7, 6, 6)
> cond1 <- c(1, 1, 1, 1, 1, 1, 1, 1, 1, 1, 1, 1, 1, 1, 1, 1, 1, 1, 1, 1,
1, 1, 1, 1, 1, 1, 1, 1, 1, 1, 1, 1, 1, 1, 1, 1, 1, 1, 1, 1, 2, 2, 2, 2,
2, 2, 2, 2, 2, 2, 2, 2, 2, 2, 2, 2, 2, 2, 2, 2, 2, 2, 2, 2, 2, 2, 2, 2,
2, 2, 2, 2, 2, 2, 2, 2, 2, 2, 2, 2, 3, 3, 3, 3, 3, 3, 3, 3, 3, 3, 3, 3,
3, 3, 3, 3, 3, 3, 3, 3, 3, 3, 3, 3, 3, 3, 3, 3, 3, 3, 3, 3, 3, 3, 3, 3,
3, 3, 3, 3)
> cond2 <- c(1, 1, 1, 1, 1, 1, 1, 1, 1, 1, 1, 1, 1, 1, 1, 1, 1, 1, 1, 1,
2, 2, 2, 2, 2, 2, 2, 2, 2, 2, 2, 2, 2, 2, 2, 2, 2, 2, 2, 2, 1, 1, 1, 1,
1, 1, 1, 1, 1, 1, 1, 1, 1, 1, 1, 1, 1, 1, 1, 1, 2, 2, 2, 2, 2, 2, 2, 2,
2, 2, 2, 2, 2, 2, 2, 2, 2, 2, 2, 2, 1, 1, 1, 1, 1, 1, 1, 1, 1, 1, 1, 1,
1, 1, 1, 1, 1, 1, 1, 1, 2, 2, 2, 2, 2, 2, 2, 2, 2, 2, 2, 2, 2, 2, 2, 2,
2, 2, 2, 2)
> cond3 <- c(1, 1, 1, 1, 1, 2, 2, 2, 2, 2, 3, 3, 3, 3, 3, 4, 4, 4, 4, 4,
1, 1, 1, 1, 1, 2, 2, 2, 2, 2, 3, 3, 3, 3, 3, 4, 4, 4, 4, 4, 1, 1, 1, 1,
1, 2, 2, 2, 2, 2, 3, 3, 3, 3, 3, 4, 4, 4, 4, 4, 1, 1, 1, 1, 1, 2, 2, 2,
2, 2, 3, 3, 3, 3, 3, 4, 4, 4, 4, 4, 1, 1, 1, 1, 1, 2, 2, 2, 2, 2, 3, 3,
3, 3, 3, 4, 4, 4, 4, 4, 1, 1, 1, 1, 1, 2, 2, 2, 2, 2, 3, 3, 3, 3, 3, 4,
4, 4, 4, 4)
> fc1 <- factor(cond1)
> fc2 <- factor(cond2)
> fc3 <- factor(cond3)
>sub32 <- c(1, 2, 3, 4, 5, 1, 2, 3, 4, 5, 1, 2, 3, 4, 5, 1, 2, 3, 4, 5,
1, 2, 3, 4, 5, 1, 2, 3, 4, 5, 1, 2, 3, 4, 5, 1, 2, 3, 4, 5, 6, 7, 8, 9,
10, 6, 7, 8, 9, 10, 6, 7, 8, 9, 10, 6, 7, 8, 9, 10, 6, 7, 8, 9, 10, 6,
7, 8, 9, 10, 6, 7, 8, 9, 10, 6, 7, 8, 9, 10, 11, 12, 13, 14, 15, 11, 12,
13, 14, 15, 11, 12, 13, 14, 15, 11, 12, 13, 14, 15, 11, 12, 13, 14, 15,
11, 12, 13, 14, 15, 11, 12, 13, 14, 15, 11, 12, 13, 14, 15)
> fs <- factor(sub32)
> summary(aov(data~fc1*fc2*fc3+Error(fs+fs:fc2+fs:fc3+fs:fc1:fc2+fs:
fc1:fc3+fs:fc2:fc3+fs:fc1:fc2:fc3)))
```

----- 出力 -----

```
Error: fs
          Df Sum Sq Mean Sq F value Pr(>F)
fc1        2  11.32   5.658   3.065 0.0841 .
Residuals 12  22.15   1.846
---
Signif. codes:  0 '***' 0.001 '**' 0.01 '*' 0.05 '.' 0.1 ' ' 1

Error: fs:fc1:fc2
          Df Sum Sq Mean Sq F value   Pr(>F)
fc2        1  58.80   58.80  72.369 1.99e-06 ***
fc1:fc2    2   0.95    0.48   0.585 0.572
Residuals 12   9.75    0.81
---
Signif. codes:  0 '***' 0.001 '**' 0.01 '*' 0.05 '.' 0.1 ' ' 1

Error: fs:fc1:fc3
          Df Sum Sq Mean Sq F value   Pr(>F)
fc3        3   1.13   0.378   0.492 0.69
fc1:fc3    6  39.22   6.536   8.510 8.79e-06 ***
Residuals 36  27.65   0.768
---
Signif. codes:  0 '***' 0.001 '**' 0.01 '*' 0.05 '.' 0.1 ' ' 1

Error: fs:fc2:fc3
            Df Sum Sq Mean Sq F value   Pr(>F)
fc2:fc3      3  8.467   2.822   4.155 0.012578 *
fc1:fc2:fc3  6 21.583   3.597   5.297 0.000532 ***
Residuals   36 24.450   0.679
---
Signif. codes:  0 '***' 0.001 '**' 0.01 '*' 0.05 '.' 0.1 ' ' 1
```

警告メッセージ：

```
aov(data ~ fc1 * fc2 * fc3 + Error(fs + fs:fc1 + fs:fc1:fc2 + で :
 Error() model is singular
```

分散分析の結果より，要因2の主効果，要因1と要因3の間の1次の交互作用，要因2と要因3の間の1次の交互作用，および，要因1と要因2と要因3の間の2次の交互作用が5％の有意水準で有意である。よって，これらの主効果，単純主効果，単純・単純主効果の多重比較を行うことになる。

3）2要因（要因Bと要因C）において対応のある3要因分散分析後の多重比較

1要因において対応のある3要因分散分析と同様に，2要因において対応のある3要因分散分析後の多重比較の場合も3要因全体に対してTukeyHSDは使用できない。そこで，1要因において対応がある場合と同様に，対応がある要因と対応がない要因に分けて検定を行うことになる。

3　3要因において対応のある3要因分散分析

1）3要因において対応のある3要因分散分析の考え方

3要因において対応のある3要因分散分析は，3要因すべてが被験者内要因である。全被験者数はセル内の被験者数に等しい。表6-1を3要因において対応のある3要因分散分析と考えると，全被験者数は5名である。全変動は被験者間変動（$SS_{between}$）と被験者内変動（SS_{within}）に分解され，被験者内変動は，さらに要因Aの主効果（SS_a），要因Bの主効果（SS_b），要因Cの主効果（SS_c），交互作用AB（SS_{ab}），交互作用AC（SS_{ac}），交互作用BC（SS_{bc}），交互作用ABC（SS_{abc}），被験者内誤差A（$SS_{e.a}$），被験者内誤差B（$SS_{e.b}$），被験者内誤差C（$SS_{e.c}$），被験者内誤差AB（$SS_{e.ab}$），被験者内誤差AC（$SS_{e.ac}$），被験者内誤差BC（$SS_{e.bc}$），被験者内誤差ABC（$SS_{e.abc}$）に分解される。そして，各主効果および交互作用は，対応する被験者内誤差の不偏分散を使用して検定される。たとえば，主効果Aは，誤差Aの不偏分散（$MS_{e.a}$），交互作用ABは，誤差ABの不偏分散（$MS_{e.ab}$）を使用する。

$$SS_t = SS_{between} + SS_{within} \tag{7-11}$$

$$SS_t = \sum_{i=1}^{m_a}\sum_{j=1}^{m_b}\sum_{k=1}^{m_c}\sum_{l=1}^{n}(x_{ijkl} - \overline{x}_{....})^2$$

$$SS_{between} = \sum_{i=1}^{m_a}\sum_{j=1}^{m_b}\sum_{k=1}^{m_c}\sum_{l=1}^{n}(\overline{x}_{...l} - \overline{x}_{....})^2$$

$$SS_{within} = \sum_{i=1}^{m_a}\sum_{j=1}^{m_b}\sum_{k=1}^{m_c}\sum_{l=1}^{n}(x_{ijkl} - \overline{x}_{...l})^2$$

$$SS_{within} = SS_a + SS_b + SS_c + SS_{ab} + SS_{ac} + SS_{bc} + SS_{abc} + SS_{e.within}$$

$$SS_{e.within} = SS_{e.a} + SS_{e.b} + SS_{e.c} + SS_{e.ab} + SS_{e.ac} + SS_{e.bc} + SS_{e.abc}$$

$$SS_{e.between} = SS_{between}$$

$$SS_{e.within} = \sum_{i=1}^{m_a}\sum_{j=1}^{m_b}\sum_{k=1}^{m_c}\sum_{l=1}^{n}(x_{ijkl} - \overline{x}_{ijk.} - \overline{x}_{...l} + \overline{x}_{....})^2$$

$$SS_{e.a} = \sum_{i=1}^{m_a}\sum_{j=1}^{m_b}\sum_{k=1}^{m_c}\sum_{l=1}^{n}(\overline{x}_{i..l} - \overline{x}_{i...} - \overline{x}_{...l} + \overline{x}_{....})^2$$

$$SS_{e.b} = \sum_{i=1}^{m_a}\sum_{j=1}^{m_b}\sum_{k=1}^{m_c}\sum_{l=1}^{n}(\overline{x}_{.j.l} - \overline{x}_{.j..} - \overline{x}_{...l} + \overline{x}_{....})^2$$

$$SS_{e.c} = \sum_{i=1}^{m_a}\sum_{j=1}^{m_b}\sum_{k=1}^{m_c}\sum_{l=1}^{n}(\overline{x}_{..kl} - \overline{x}_{..k.} - \overline{x}_{...l} + \overline{x}_{....})^2$$

$$SS_{e.ab} = \sum_{i=1}^{m_a}\sum_{j=1}^{m_b}\sum_{k=1}^{m_c}\sum_{l=1}^{n}(\overline{x}_{ij.l} - \overline{x}_{ij..} - \overline{x}_{i..l} - \overline{x}_{.j.l} + \overline{x}_{i...} + \overline{x}_{.j..} + \overline{x}_{...l} - \overline{x}_{....})^2$$

$$SS_{e.ac}=\sum_{i=1}^{m_a}\sum_{j=1}^{m_b}\sum_{k=1}^{m_c}\sum_{l=1}^{n}(\overline{x}_{i.kl}-\overline{x}_{ij..}-\overline{x}_{i.k.}-\overline{x}_{i..l}-\overline{x}_{..kl}+\overline{x}_{i...}+\overline{x}_{..k.}+\overline{x}_{...l}-\overline{x}_{....})^2$$

$$SS_{e.bc}=\sum_{i=1}^{m_a}\sum_{j=1}^{m_b}\sum_{k=1}^{m_c}\sum_{l=1}^{n}(\overline{x}_{.jkl}-\overline{x}_{.jk.}-\overline{x}_{.j.l}-\overline{x}_{..kl}+\overline{x}_{.j..}+\overline{x}_{..k.}+\overline{x}_{...l}-\overline{x}_{....})^2$$

$$SS_{e.abc}=\sum_{i=1}^{m_a}\sum_{j=1}^{m_b}\sum_{k=1}^{m_c}\sum_{l=1}^{n}(x_{ijkl}-\overline{x}_{ijk.}-\overline{x}_{ij.l}-\overline{x}_{i.kl}-\overline{x}_{.jkl}+\overline{x}_{ij..}+\overline{x}_{i.k.}+\overline{x}_{.jk.}+\overline{x}_{i..l}+\overline{x}_{.j.l}$$
$$+\overline{x}_{..kl}-\overline{x}_{i...}-\overline{x}_{.j..}-\overline{x}_{..k.}-\overline{x}_{...l}+\overline{x}_{....})^2 \quad (7\text{-}12)$$

$$df_{\text{between}}=n-1$$
$$df_{\text{within}}=n(m_am_bm_c-1)$$
$$df_{e.a}=(m_a-1)(n-1)$$
$$df_{e.b}=(m_b-1)(n-1)$$
$$df_{e.c}=(m_c-1)(n-1)$$
$$df_{e.ab}=(m_a-1)(m_b-1)(n-1)$$
$$df_{e.ac}=(m_a-1)(m_c-1)(n-1)$$
$$df_{e.bc}=(m_b-1)(m_c-1)(n-1)$$
$$df_{e.abc}=(m_a-1)(m_b-1)(m_c-1)(n-1) \quad (7\text{-}13)$$

$$MS_{e.a}=SS_{e.a}/df_{e.a}$$
$$MS_{e.b}=SS_{e.b}/df_{e.b}$$
$$MS_{e.c}=SS_{e.c}/df_{e.c}$$
$$MS_{e.ab}=SS_{e.ab}/df_{e.ab}$$
$$MS_{e.ac}=SS_{e.ac}/df_{e.ac}$$
$$MS_{e.bc}=SS_{e.bc}/df_{e.bc}$$
$$MS_{e.abc}=SS_{e.abc}/df_{e.abc} \quad (7\text{-}14)$$

SS_a，SS_b，SS_c，SS_{ab}，SS_{ac}，SS_{bc}，SS_{abc}に関しては式(6-2)，df_a，df_b，df_c，df_{ab}，df_{ac}，df_{bc}，df_{abc}に関しては式(6-3)，MS_a，MS_b，MS_c，MS_{ab}，MS_{ac}，MS_{bc}，MS_{abc}に関しては式（6-4）の場合と同じである。

$$F_a=MS_a/MS_{e.a}$$
$$F_b=MS_b/MS_{e.b}$$
$$F_c=MS_c/MS_{e.c}$$
$$F_{ab}=MS_{ab}/MS_{e.ab}$$
$$F_{ac}=MS_{ac}/MS_{e.ac}$$
$$F_{bc}=MS_{bc}/MS_{e.bc}$$
$$F_{abc}=MS_{abc}/MS_{e.abc} \quad (7\text{-}15)$$

図7-3は，3要因において対応のある3要因分散分析の全変動の構成を表す。すべての要因において対応があるので，主効果および交互作用の検定の際には，対応する誤差を使用する。

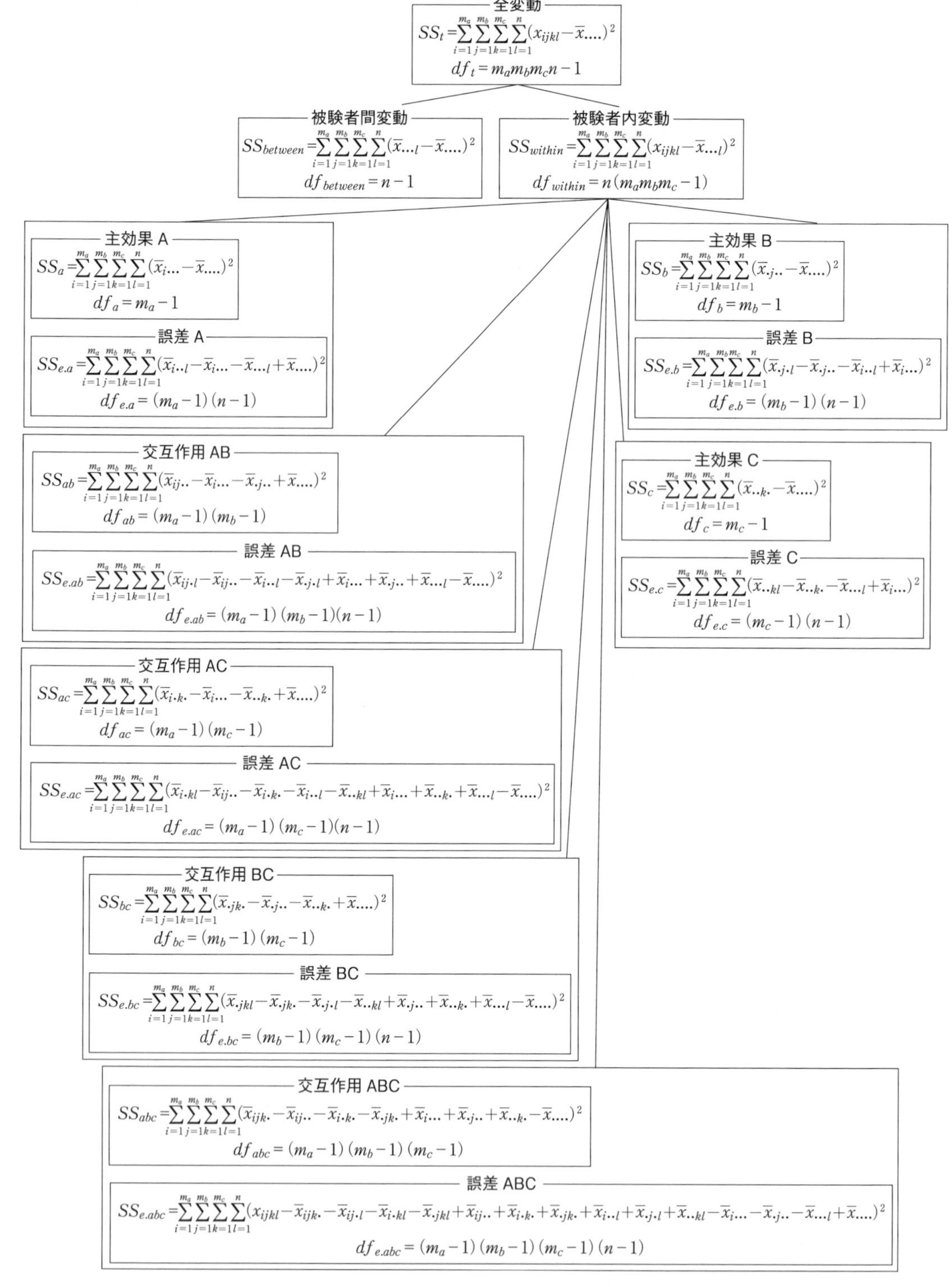

図 7-3　3 要因（要因 A，要因 B，要因 C）において対応のある 3 要因分散分析の全変動の構成

2) Rで3要因において対応のある3要因分散分析を行う

表6-1のデータを用いて3要因において対応のある場合について，Rで3要因分散分析をおこなうと以下のようになる。

```
> data <- c(8, 7, 7, 6, 7, 8, 7, 8, 6, 7, 7, 5, 6, 5, 6, 8, 8, 7, 8, 5,
5, 5, 7, 6, 6, 6, 6, 7, 5, 5, 5, 5, 6, 5, 7, 7, 5, 5, 4, 4, 9, 7, 8, 9,
8, 9, 7, 8, 7, 9, 8, 8, 6, 7, 6, 7, 9, 7, 7, 9, 9, 7, 8, 5, 7, 6, 5, 6,
5, 6, 7, 6, 7, 8, 5, 6, 4, 6, 4, 5, 7, 7, 8, 6, 8, 6, 7, 6, 6, 7, 9, 8,
9, 8, 7, 8, 7, 8, 6, 7, 5, 4, 4, 3, 3, 6, 7, 6, 6, 5, 8, 8, 7, 6, 7, 7,
8, 7, 6, 6)
> cond1 <- c(1, 1, 1, 1, 1, 1, 1, 1, 1, 1, 1, 1, 1, 1, 1, 1, 1, 1, 1, 1,
1, 1, 1, 1, 1, 1, 1, 1, 1, 1, 1, 1, 1, 1, 1, 1, 1, 1, 1, 1, 2, 2, 2, 2,
2, 2, 2, 2, 2, 2, 2, 2, 2, 2, 2, 2, 2, 2, 2, 2, 2, 2, 2, 2, 2, 2, 2, 2,
2, 2, 2, 2, 2, 2, 2, 2, 2, 2, 2, 2, 3, 3, 3, 3, 3, 3, 3, 3, 3, 3, 3, 3,
3, 3, 3, 3, 3, 3, 3, 3, 3, 3, 3, 3, 3, 3, 3, 3, 3, 3, 3, 3, 3, 3, 3, 3,
3, 3, 3, 3)
> cond2 <- c(1, 1, 1, 1, 1, 1, 1, 1, 1, 1, 1, 1, 1, 1, 1, 1, 1, 1, 1, 1,
2, 2, 2, 2, 2, 2, 2, 2, 2, 2, 2, 2, 2, 2, 2, 2, 2, 2, 2, 2, 1, 1, 1, 1,
1, 1, 1, 1, 1, 1, 1, 1, 1, 1, 1, 1, 1, 1, 1, 1, 2, 2, 2, 2, 2, 2, 2, 2,
2, 2, 2, 2, 2, 2, 2, 2, 2, 2, 2, 2, 1, 1, 1, 1, 1, 1, 1, 1, 1, 1, 1, 1,
1, 1, 1, 1, 1, 1, 1, 1, 2, 2, 2, 2, 2, 2, 2, 2, 2, 2, 2, 2, 2, 2, 2, 2,
2, 2, 2, 2)
> cond3 <- c(1, 1, 1, 1, 1, 2, 2, 2, 2, 2, 3, 3, 3, 3, 3, 4, 4, 4, 4, 4,
1, 1, 1, 1, 1, 2, 2, 2, 2, 2, 3, 3, 3, 3, 3, 4, 4, 4, 4, 4, 1, 1, 1, 1,
1, 2, 2, 2, 2, 2, 3, 3, 3, 3, 3, 4, 4, 4, 4, 4, 1, 1, 1, 1, 1, 2, 2, 2,
2, 2, 3, 3, 3, 3, 3, 4, 4, 4, 4, 4, 1, 1, 1, 1, 1, 2, 2, 2, 2, 2, 3, 3,
3, 3, 3, 4, 4, 4, 4, 4, 1, 1, 1, 1, 1, 2, 2, 2, 2, 2, 3, 3, 3, 3, 3, 4,
4, 4, 4, 4)
> fc1 <- factor(cond1)
> fc2 <- factor(cond2)
> fc3 <- factor(cond3)
> sub33 <- c(1, 2, 3, 4, 5, 1, 2, 3, 4, 5, 1, 2, 3, 4, 5, 1, 2, 3, 4, 5,
1, 2, 3, 4, 5, 1, 2, 3, 4, 5, 1, 2, 3, 4, 5, 1, 2, 3, 4, 5, 1, 2, 3, 4,
5, 1, 2, 3, 4, 5, 1, 2, 3, 4, 5, 1, 2, 3, 4, 5, 1, 2, 3, 4, 5, 1, 2, 3,
4, 5, 1, 2, 3, 4, 5, 1, 2, 3, 4, 5, 1, 2, 3, 4, 5, 1, 2, 3, 4, 5, 1, 2,
3, 4, 5, 1, 2, 3, 4, 5, 1, 2, 3, 4, 5, 1, 2, 3, 4, 5, 1, 2, 3, 4, 5, 1,
2, 3, 4, 5)
> fs <- factor(sub33)
> summary(aov(data ~ fc1*fc2*fc3+Error(fs+fs:fc1+fs:fc2+fs:fc3+ fs:fc1:
fc2+fs:fc1:fc3+ fs:fc2:fc3+fs:fc1:fc2:fc3)))
```

----- 出力 -----

```
Error: fs
          Df Sum Sq Mean Sq F value Pr(>F)
Residuals  4  18.22   4.554

Error: fs33:fc1
          Df Sum Sq Mean Sq F value  Pr(>F)
fc1        2  11.317  5.658  11.51  0.00443 **
Residuals 8   3.933  0.492
---
Signif. codes:  0 '***' 0.001 '**' 0.01 '*' 0.05 '.' 0.1 ' ' 1

Error: fs:fc2
          Df Sum Sq Mean Sq F value   Pr(>F)
fc2        1  58.80  58.80  162.2  0.000219 ***
Residuals 4   1.45   0.36
---
Signif. codes:  0 '***' 0.001 '**' 0.01 '*' 0.05 '.' 0.1 ' ' 1

Error: fs:fc3
          Df Sum Sq Mean Sq F value Pr(>F)
fc3         3  1.133  0.3778  1.019  0.419
Residuals 12  4.450  0.3708

Error: fs:fc1:fc2
          Df Sum Sq Mean Sq F value Pr(>F)
fc1:fc2   2  0.95  0.475  0.458  0.648
Residuals 8  8.30  1.038

Error: fs:fc1:fc3
          Df Sum Sq Mean Sq F value   Pr(>F)
fc1:fc3    6  39.22  6.536  6.761  0.000274 ***
Residuals 24  23.20  0.967
---
Signif. codes:  0 '***' 0.001 '**' 0.01 '*' 0.05 '.' 0.1 ' ' 1

Error: fs:fc2:fc3
          Df Sum Sq Mean Sq F value  Pr(>F)
fc2:fc3    3  8.467  2.8222  6.03  0.00957 **
Residuals 12  5.617  0.4681
---
```

```
Signif. codes:  0 ‘***’ 0.001 ‘**’ 0.01 ‘*’ 0.05 ‘.’ 0.1 ‘ ’ 1

Error: fs:fc1:fc2:fc3
          Df Sum Sq Mean Sq F value  Pr(>F)
fc1:fc2:fc3    6  21.58  3.597  4.584  0.00311 **
Residuals     24  18.83  0.785
---
Signif. codes:  0 ‘***’ 0.001 ‘**’ 0.01 ‘*’ 0.05 ‘.’ 0.1 ‘ ’
```

表 7-9　3要因において対応のある場合の被験者の割り当て

要因 A	A_1								A_2								A_3							
要因 B	B_1				B_2				B_1				B_2				B_1				B_2			
要因 C	C_1	C_2	C_3	C_4	C_1	C_2	C_3	C_4	C_1	C_2	C_3	C_4	C_1	C_2	C_3	C_4	C_1	C_2	C_3	C_4	C_1	C_2	C_3	C_4
	1	1	1	1	1	1	1	1	1	1	1	1	1	1	1	1	1	1	1	1	1	1	1	1
	2	2	2	2	2	2	2	2	2	2	2	2	2	2	2	2	2	2	2	2	2	2	2	2
被験者	3	3	3	3	3	3	3	3	3	3	3	3	3	3	3	3	3	3	3	3	3	3	3	3
	4	4	4	4	4	4	4	4	4	4	4	4	4	4	4	4	4	4	4	4	4	4	4	4
	5	5	5	5	5	5	5	5	5	5	5	5	5	5	5	5	5	5	5	5	5	5	5	5

表 7-10　3要因において対応のある3要因分散分析の分散分析表

変動因	平方和（SS）	自由度（df）	不偏分散（MS）	F	P
被験者間変動	$SS_{between}$	$df_{between}$			
誤差	$SS_{e.between}$				
被験者内変動	SS_{within}	df_{within}			
主効果 A	$SS_a = 11.317$	$df_a = 2$	$MS_a = 5.658$	$F_a = 11.51$	$P_a = 0.00443$
誤差 A	$SS_{e.a} = 3.933$	$df_{e.a} = 8$	$MS_{e.a} = 0.492$		
主効果 B	$SS_b = 58.80$	$df_b = 1$	$MS_b = 58.8$	$F_b = 162.2$	$P_b = 0.000219$
誤差 B	$SS_{e.b} = 1.45$	$df_{e.b} = 4$	$MS_{e.b} = 0.36$		
主効果 C	$SS_c = 1.133$	$df_c = 3$	$MS_c = 0.3778$	$F_c = 1.019$	$P_c = 0.419$
誤差 C	$SS_{e.c} = 4.450$	$df_{e.c} = 12$	$MS_{e.c} = 0.3708$		
交互作用 AB	$SS_{ab} = 0.95$	$df_{ab} = 2$	$MS_{ab} = 0.475$	$F_{ab} = 0.458$	$P_{ab} = 0.648$
誤差 AB	$SS_{e.ab} = 8.30$	$df_{e.ab} = 8$	$MS_{e.ab} = 1.038$		
交互作用 AC	$SS_{ac} = 39.22$	$df_{ac} = 6$	$MS_{ac} = 6.536$	$F_{ac} = 6.761$	$P_{ac} = 0.000274$
誤差 AC	$SS_{e.ac} = 23.20$	$df_{e.ac} = 24$	$MS_{e.ac} = 0.967$		
交互作用 BC	$SS_{bc} = 8.467$	$df_{bc} = 3$	$MS_{bc} = 2.8222$	$F_{bc} = 6.03$	$P_{bc} = 0.00957$
誤差 BC	$SS_{e.bc} = 5.617$	$df_{e.bc} = 12$	$MS_{e.bc} = 0.4681$		
交互作用 ABC	$SS_{abc} = 21.58$	$df_{abc} = 6$	$MS_{abc} = 3.597$	$F_{abc} = 4.584$	$P_{abc} = 0.00311$
誤差 ABC	$SS_{e.abc} = 18.83$	$df_{e.abc} = 24$	$MS_{e.abc} = 0.785$		
全変動	$SS_t = 225.467$	$df_t = 119$			

分散分析の結果より，要因1の主効果（主効果A），要因2の主効果（主効果B），要因1と要因3の1次の交互作用（交互作用AC），要因2と要因3の1次の交互作用（交互作用BC），および要因1と要因2と要因3の2次の交互作用（交互作用ABC）が5％の有意水準で有意である。よって，これらの主効果，単純主効果，単純・単純主効果の多重比較を行うことになる。

3) Rで3要因において対応のある3要因分散分析後の多重比較

3要因において対応のある3要因分散分析の結果，5％の有意水準で要因1の主効果（主効果

A)，要因2の主効果，要因1と要因3の1次の交互作用，要因2と要因3の1次の交互作用，要因1と要因2と要因3の2次の交互作用が有意である。よって，要因1の多重比較，要因1と要因3の単純主効果（A[C]，C[A]）の多重比較，要因2と要因3の単純主効果（B[C]，C[B])，要因1と要因2と要因3の単純・単純主効果（A[BC]，B[AC]，C[AB]）の多重比較を行うことになる。

文　献

池田央　1976　社会科学・行動科学のための数学入門　3　統計的方法Ⅰ―基礎　新曜社

石村貞夫　1995　分散分析のはなし　東京図書

岩田暁一　1967　経済分析のための統計的方法　東洋経済新報社

岩原信九郎　1965　教育と心理のための推計学　日本文化科学社

印東太郎　1957　確率と統計　コロナ社

篠崎信雄　1994　統計解析入門　サイエンス社

芝祐順　1976　社会科学・行動科学のための数学入門　3　統計的方法Ⅱ―推測　新曜社

肥田野直・瀬谷正敏・大川信介　1961　教育心理統計学　培風館

ベッカー，R. A.・チェンバース，J. M.・ウイルクス，A. R.渋谷正昭・柴田里程 訳　1988　S言語　データ解析とグラフィックスのためのプログラミング環境Ⅱ　共立出版

森敏昭・吉田寿夫　1996　心理学のためのデータ解析テクニカルブック　北大路書房

渡辺利夫　1994　使いながら学ぶS言語　オーム社

渡辺利夫　2005 フレッシュマンから大学院生までのデータ解析・R言語　ナカニシヤ出版

DeGroot, M. H. 1975 *Probability and statistics.* Addison-Wesley Publishing Company, Inc.

Hogg, R. V. & Craig, A. T. 1970 *Introduction to mathematical statistics.* Macmillan Publishing Co., Inc.

Winer, B. J. 1971 *Statistical principles in experimental design.* International student edition. McGraw-Hill Kogakusha.

Wonnacott, T. H. & Wonnacott, R. J. 1977 *Introductory statistics.* John Wiley & Sons, Inc.

事項索引

ハ行

マ行

ヤ・ラ行

著者紹介

渡辺利夫（わたなべ としお）心理学博士（カリフォルニア大学，1988年）
現職　慶應義塾大学環境情報学部教授

主要著作
心のライフデザイン　2003　ナカニシヤ出版
フレッシュマンから大学院生までのデータ解析・R言語　2005　ナカニシヤ出版
知覚・認知モデル論　2009　ナカニシヤ出版
一億人のための心のオシャレ人生設計　2009　ナカニシヤ出版
誰にでもできるらくらくR言語　2010　ナカニシヤ出版
Rで多変量解析　2017　ナカニシヤ出版　ほか

Rで分散分析

2018年9月30日　初版第1刷発行

定価はカヴァーに
表示してあります

著　者　渡辺利夫
発行者　中西　良
発行所　株式会社ナカニシヤ出版
〒606-8161　京都市左京区一乗寺木ノ本町15番地
Telephone　075-723-0111
Facsimile　075-723-0095
Website　http://www.nakanishiya.co.jp/
Email　iihon-ippai@nakanishiya.co.jp
郵便振替　01030-0-13128

装幀＝白沢　正／印刷・製本＝創栄図書印刷株式会社

Printed in Japan
ISBN978-4-7795-1300-8　C3011